光合成とはなにか

生命システムを支える力

園池公毅　著

ブルーバックス

カバー装幀／芦澤泰偉・児崎雅淑
カバー写真／ KAZUNOR ARAKI/SEBUN PHOTO/
amanaimages
イラスト／角　愼作
もくじデザイン／中山康子
本文図版／さくら工芸社

まえがき

昨年でしたか、久しぶりに小学校のクラス会に出席した時のことです。30年ぶりに会うような友達もいる中で、お互いの近況などが当然話題になります。僕が大学の教員をしていると言うと、まあ、これも当然の質問として「何の研究をしているの?」と聞かれます。それに対して、「植物の光合成の研究をしているんだ」と答えると、途端に相手は少し気の毒そうな顔になって、「光合成って小学校で習うアレのこと? 今でも研究することが残ってるの?」と聞き返されました。

実は、この手の反応はこれが初めてではありません。光合成は小学校から既に習いますし、長い研究の歴史もありますから、そのような疑問を持つことも理解できます。しかし、今でも世界中で光合成の研究は盛んに続けられていますし、環境問題が大きく取り上げられるようになったこともあって、地球規模での光合成研究など、新しい研究の方向性も生まれています。

この本は、光合成など小学校で習うことだと思っている方々に、光合成の研究をしている研究者が今何を面白いと思って研究しているのか、どのような新しい発見があるのか、といった点を知ってもらうことが一つの目的となっています。光合成というのは単純でわかりきったものではないぞ、ということをお話ししようというわけです。

一方で、逆に「光合成は難しい」と感じる人たちもいます。光合成は、一般には植物生理学という分野の中で扱われます。ところが、植物生理学や植物分子生物学を研究しているバリバリの研究者の中に「いやあ、私は光合成はどうも苦手で……」という人が案外多いのです。以前の生物学と言えば、この生物はこんな形をしているといった、博物学・分類学が中心でした。いわば生物ごとに別々に研究されていたと言ってもよいでしょう。しかし、遺伝子の本体がDNAであることがわかり、DNAからRNA、そしてタンパク質へという生物に共通のメカニズムが明らかになってから、研究者は別々の生き物を扱っていても、いわば同じ言葉を使って議論できるようになりました。人間のDNAを切り貼りする技術は、そのまま植物のDNAにも使えるのです。

ところが、光合成には、光の吸収という、DNA、RNA、タンパク質だけにはとどまらない側面があります。この、色素が光を吸収するという過程を扱うのは、生物学というよりも物理学の分野です。量子力学という物理学の中の学問分野がありますが、光合成の研究では量子力学が重要な意味を持ちます。そんな生物学のテーマというのは、光合成以外にはあまりないでしょう。さらに光合成においては、酸化と還元といった化学の分野の現象も、非常に大きな意味を持っています。それに加えて、この本の後半には地球の成立といった地学の分野の話も出てきます。

このような、一筋縄ではいかない、広い学問分野にまたがる光合成研究の特徴が、ある専門分野に特化している研究者にはかえって難しく思えるのでしょう。そこでこの本では、生物学の範囲に収まらない、物理、化学や地学といった幅広い視点から、光合成を見つめる術《すべ》についても紹介しようとしています。このあたりの特徴は、第1章を読み始めていただければ、すぐにわかると思います。

最後に、この本は光合成そのものに対する疑問についても扱っています。僕が管理しているホームページ「光合成の森」には、光合成に関する質問が毎年200以上も寄せられます。それらの質問は、僕の回答を付けてホームページ上で公開しているのですが、僕自身「なるほどそんな考え方があったのか」と膝を打つ質問も少なくありません。そこで、なるべく、そのような疑問に答える形でこの本を書き進めることにしました。コラムなどの形で直接そのような疑問を取り上げた部分もありますし、この本の真ん中あたりでは光合成のメカニズムが詳しく説明されています。この本だけでも、大学の植物生理学の講義で学ぶレベルの光合成の基礎知識は得られるようにしたつもりです。

とは言え、全てを順番に読む必要はありません。「わしゃ細かい話は苦手じゃ」という人は、第1章のエネルギーの話から始まる最初の部分と、第8章以降の地球環境や研究を扱った部分を先に読んでいただいて、必要に応じてわからない部分を真ん中でチェックするというのもありかな、と思います。

さて、小学校から学ぶ光合成といえどもそう捨てたもんではない、と思っていただけますかどうか……。

もくじ

第3章 光を集める

第8章　植物の環境応答

第9章　光合成の研究

第1章　エネルギーの源

1　整理整頓は骨が折れる

この章では、光合成の本題に入る前に、「生物とエネルギーと地球の関係」を考えてみたいと思います。そして、さらにその前に、突然ですが整理整頓について考えてみます。部屋の中や机の上というのは、ちょっと気を許しているとすぐにぐちゃぐちゃになるものです。別に、特に散らかしている、というわけでもないのに、使っているうちにどんどん収拾のつかない有り様になっていきます。なぜでしょう？

世の中、部屋の中にしても、机の上にしても、「散らかっている状態」と「片づいている状態」の二つに一つでしょうから、2つの状態を行き来しているのであれば、たまには散らかっている状態が自然と片づくことがあってもよさそうです。けれども、何もしないのにいつの間にか部屋が片づいた、などということは起きた例《ためし》が絶えてありません（整理整頓好きなお母さんと同居しているぐーたら息子は別として……）。その秘密は、2つの状態の中身にありそうです。

本が部屋にある場合に、「片づいた状態」というのは、本棚にきちんと並んでいる状態でしょ

う。しかも、できればシリーズものなら巻の順番のとおりに並んでいて欲しいところです。そのような状態というのは、案外限られるでしょう。一方で、「散らかっている状態」なら、本は、部屋のほとんどどこにあっても、斜めに置いてあろうが、山積みになっていようがかまわないことになります。そのような状態の種類の数というのは「片づいた状態」の種類の数の何千倍、何万倍にもなるでしょう。とすると、たくさんの「散らかった状態」から、特に目的なしにいろいろ動かした後に、数少ない「片づいた状態」になることは、確かにありそうもありません。

これは、宝くじの当選番号にきれいに数字が並んだものがほとんどないのと似ているかもしれません。当選番号は、偶然に選ばれているはずですから、11111111とか12345678といった番号が選ばれることもあってよさそうですが、実際には、36894158といったでたらめな数がほとんどです。これは、別に36894158という番号が当たりやすいからではなくて、そのようなでたらめな数はたくさんの種類があるのに対して、11111111といった秩序正しい数の種類は少ないからに過ぎません。

というわけで、秩序正しい状態も、放っておけば必ずより乱雑な状態になってしまいます。これを、熱力学という学問の世界では、「熱力学の第二法則」という名前で呼んでいます。法則と名が付くと、急に学問の香りがしてきますが、ぐちゃぐちゃの部屋を前に、「これは熱力学の第二法則による必然の帰結である」とうそぶいても、残念ながら感心してくれる人はあまりいないでしょうし、ましてや部屋が片づくわけでもありません。しょうがないので、せっせと働いて部屋を片づけることになります。

熱力学の第二法則は、「秩序正しい状態にはならない」と言っているわけではありません。あくまで、「放っておいても秩序正しい状態にはならない」、と言っているだけです。ですからエネルギーを使ってせっせと働けば、部屋は片づきます。

さて、部屋の片づけの重要性について長々と講釈してきましたが、実は、秩序正しい状態を維持するためにエネルギーが必要なのは部屋だけではありません。人間も一緒なのです。人間は、その細胞の中で様々な反応を秩序正しく行って生命活動を維持していますが、そのような秩序正しい反応は、放っておけば乱雑な状態になってしまいます。そうするとどうなるかと言えば、「たけき者も遂にはほろびぬ。ひとへに風の前の塵に同じ」というわけです。塵に返らないためには、エネルギーを使わなければなりません。

子供が食べ物を食べて成長する、という場合には、いかにも食べたものが大きくなるのに使われた、という気がします。また、体を動かすためにはエネルギーが必要でしょうから、そのエネルギーを取るために、食べ物を食べなくてはならないというのも理解できます。しかし、生物はそれ以外に、「今の（秩序正しい）状態を保つ」だけのためにもエネルギーを使わなくてはならないのです。言葉を替えれば、生物は生きている状態を保つためだけにもエネルギーを必要とする、ということです。

2　閉じた地球

生物は生きるためのエネルギーを、当然外から取ることになります。人間はいろいろなものを食べてエネルギーを得るわけですが、何を食べるかというと他の生物を食べます。しかしながら、もし全ての生物が、他の生物を食べて生きていたとしたら、どうなるでしょう?

以前、子供が近くの排水溝から大小様々なザリガニを捕ってきて、水槽に入れておいたことがありますが、すぐに共食いを始めて、最後にはいちばん大きなザリガニが1匹だけ残りました。

もし餌をやらなかったら、その最後のザリガニは、ただ餓死するのを待つしかなかったでしょう。

これは小さな水槽のお話でしたが、規模を地球全体に広げても事情は同じです。もし、全ての生物が他の生物だけを食べて生きていくならば、時間は小さな水槽の時よりかかるでしょうけれども、いずれ地球上最強の生き物が1匹だけ残って、それは、地球上最後の生物として、餓死していくでしょう。しかも水槽の場合は、外から餌が投げ込まれる可能性がありますが、地球全体を考えた場合には、外から餌が来る可能性はありません。外から来るのは、たまに降ってくる隕石ぐらいでしょう。物質という意味からすると、地球は言わば「閉じた」系で、外からの援助は期待できないのです。

もしかしたら、生物以外の物質を食べればいいじゃないか、という人もいるかもしれません。確かに、無機物からエネルギーを取り出すことができる生物も存在します。さすがに動物にはいませんが、化学合成細菌という細菌の一種は、例えばメタンや硫化水素といった無機物から、生命活動に必要なエネルギーを取り出すことができます。おそらく地球上に最初に生命が出現した時には、他に食べることができる生物がいませんから、その最初の生命は、無機物からエネルギーを取っていたのかもしれません。しかし、その量は、現在の地球上の生物全体の量から見ると、ほとんど無いにも等しい量です。化学合成細菌が作り出すエネルギーでは、現在の地球上の生物全体、つまり生態系を支えることはできないのです。

さて、ここでエネルギーについて少し詳しい人は、「エネルギーというものは、形を変えるだけで、増えたり減ったりしないと聞いたことがある。それなら、全体のエネルギーはいつも同じだから、いつまでもそれを使っていれば問題はないはずだ」と言うかもしれません。確かに、エネルギーは増えたり減ったりするものではなく、いろいろな形のエネルギーを足し合わせるといつも一定になります。前の節で熱力学の第二法則が出てきた時に、第二があるなら第一があるはずだ、と思った人は正解で、この「エネルギーは保存される」という法則を「熱力学の第一法則」と言います。

エネルギーが減らないものならば、生物はいつまでもそれを使って生きていけばよさそうに思いますが、残念ながら「使える」エネルギーというのは全体のエネルギーの一部でしかないのです。しかも、エネルギーの中で「使える部分」というのは、何かやり取りがあると必ず減ってしまいます。

例えば、電球に電気を通すことを考えましょう。電気のエネルギーの一部は、光のエネルギーに変わりますが、その変換の効率を１００％にすることは決してできません。一部は熱になって空気を暖めるのに使われるなどして、使えない形のエネルギーになってしまいます。次に、電球から出てきた光を太陽電池でもう一度電気に変えるとします。その場合も、光のエネルギーのうち、電気エネルギーに変わるのは一部分だけで、残りは熱などの使えない形のエネルギーになります。これを繰り返せば、エネルギーの総量は一定でも、使えるエネルギーの量はどんどん減ってしまいます。熱を「使えないエネルギー」と言ったのは本当はちょっと言いすぎで、火力発電所では熱から電気を作っているわけですが、その場合も、電気に変えることができるエネルギーが一部に過ぎない点は同じです。そしてこの過程で、同じ熱でも、石炭や石油を燃やして作った「使いやすい」高い温度の熱が、温排水という「使いづらい」低い温度の熱になります。このように「使えるエネルギーは何か起こるたびにどんどん減ってしまう」ということは、実は「物事は放っておくと乱雑になる」という熱力学の第二法則の別の一面を示したものなのですが、これ以上は話が専門的になるので、ここまでとしましょう。

使えるエネルギーがどんどん減ってしまうのは、生物においても同じです。食べることによって得たエネルギーを自分が使えるようなエネルギーに変える時には、必ず一部は使えない形のエネルギーになり、使えるエネルギーは減ってしまいます。もちろん、これに加えて動物が動く時などにもエネルギーが使われ、最後には熱などの利用しづらい形になってしまいます。やはり、生物はどこからかエネルギーを取り込まなくては生きていけないのです。

3　太陽の恵み

それでは、何が地球上の生物を支えているのでしょうか？　エネルギーを使って自分の生命活動を支えながら、他の生物を食べることをせず、さらには自らを他の生物に食べさせることによって地球の生態系を支えることができる生物とは何でしょうか？

答えは簡単でしょう。植物です。植物は、何も食べません。もちろん食虫植物というものが存在しますが、それは、植物全体から見れば微々たる存在です。また、植物は、地球上のほぼ全生物の食料源になっています。人によっては、野菜嫌いで、「私は肉しか食べない」という人もいるかもしれませんが、その場合でも、その肉は何かの動物の肉のはずで、その動物はまた何か別の動物か植物を食べたはずで……と元をたどっていけば、最後には必ず植物にたどり着きます。どんな肉食動物であっても、間接的には植物を食べていることになるわけです。

では、植物は他の生物を食べることをしないで、どのように生きるために必要なエネルギーを得ているのでしょうか？　この質問に対する答えも、多くの人はわかるでしょう。光合成です。植物は、光合成の反応によって太陽からの光のエネルギーを使うことができるのです。つまり、人間を含む動物のエネルギーの源をたどっていけば、最後には太陽に行き着くことになります。

さらに言えば、太陽は人間社会のエネルギーの源でもあります。人間社会のエネルギー源として使われるものに、石油、石炭、天然ガス、水力発電、原子力発電などがあります。最近は、風力発電や、太陽光発電なども注目されてきています。このうち太陽のエネルギーを直接利用しているのは、太陽光発電ぐらいです。しかし、石油、石炭と天然ガスは、昔の植物や微生物の言わば遺骸です。それらの植物や微生物は、生きていた時は直接間接に太陽のエネルギーを使っていたはずですから、石油・石炭は太陽エネルギーの歴史的缶詰と言ってもよいでしょう。風は、生物とは関係ありませんが、地球が太陽によって不均等に熱せられることによって吹くので、これも形を変えた太陽エネルギーです。水力発電は川の流れを利用しますが、川上に水が運ばれるのは、海の水が太陽によって蒸発させられ、それが雨となって降るからです。ですから、水力発電も太陽のたまものなのです。

つまり、原子力発電を例外として、人間社会で使われるエネルギーも、元をたどれば太陽エネルギーに行き着くことになるのです。ちなみに、宇宙に存在するウランなどの重い元素は、恒星がその一生を終える時に起こる超新星爆発の際に作られたものだと言われています。ですから、ウランを使う原子力発電さえも、太陽のたまものと言えなくはないかもしれません。「私たちの太陽」とは違う、別の太陽のたまものですが……。

4　地球をめぐるエネルギーの流れ

ここで、一度、地球というものをまるごとエネルギーの面から見てみましょう。

地球というものは、言わば真空に浮かぶボールです。地球のエネルギー源は太陽で、太陽から入射する光が地球を暖めます。その際に光は大気の層を通りますが、人間の目には透明な空気も、実は光の種類によっては不透明と言えます。有名なのはオゾン層で、可視光よりずっと波長の短い紫外線の大部分は、オゾン層によって吸収されて地表に届きません。紫外線は生物の持つDNAを壊す働きを持つので、オゾン層が紫外線に対して不透明なのは人間にとっては極めてありがたいことです。さらに、二酸化炭素や水蒸気は一部の赤外線を吸収します。結果として大気が通すのは、可視光と赤外線の一部の領域およびわずかな紫外線となります。そして、この可視光の領域が太陽の放射する光の波長とピッタ

り重なるのです。つまり、太陽光は地球の大気にあいた「窓」から地表に届くことになります。

　さて、太陽によって暖められる一方では、地球の温度は上がっていき、生物が棲める環境ではなくなってしまうでしょう。なにしろ地球の周囲は真空ですから、魔法瓶の中にいるのと同じで、熱伝導や対流といった熱が逃げていく仕組みがありません。熱伝導というのは、ものからものに直接熱が伝わり、対流というのは、暖められた気体や液体が動くことによって起こります。どちらも何らかの「もの」がないと起こりませんから、真空では熱が伝わらないのです。

　しかし幸いなことに、光であれば、真空の中でもエネルギーは伝わります。そして、ものは熱せられると光を出すという性質があります。溶鉱炉の中の鉄はオレンジ色に輝いていますし、そもそも照明に使う電球というのは、電気が通る時の抵抗によってフィラメントが熱せられる際に発する光を利用しているのです。地球も同じで、溶鉱炉などに比べると温度が低いので、可視光はほとんど出ていませんが、赤外線を放出しています。つまり地球から放射される赤外線は、大気にあいたもう一方の「窓」から宇宙空間へと出て行くことができるのです。太陽から入ってくる光（可視光）と出て行く光（赤外線）のエネルギーのバランスが取れている時には、地球の温度は一定に保たれます。しかし、後で述べますが、このバランスが崩れると地球の温度は変化し、新しい別の温度でバランスが落ち着きます。近ごろ世を騒がせている地球の温暖化も、このようなバランスの変化の結果です。

この、可視光が入ってきて赤外光が出て行くという言わば物理的な過程の中に、実際には生物の営みが入っています。黒い岩が太陽光で暖まった場合は、単に暖まって直接赤外光になるだけですが、植物が太陽光を受けた場合は、そこで光合成が起こり、エネルギーはいったん**化学エネルギー**になります。そして、その化学エネルギーは、植物自身の活動を支えると共に、他の動物の餌となることによって、生態系全体のエネルギー源として機能するのです。では、使われたエネルギーはどうなるのでしょうか?「使われた」といってもエネルギーはなくなるわけではありません。人間が運動をすれば体温が上がりますが、別に運動ではなくとも、あらゆる生物の活動に使われたエネルギーは**最後には熱の形**となります。そして、赤外線として宇宙空間へと出て行き、エネルギーの流れが完結します。この流れの取り込み口となって地球の生命・生態系を支えているのが光合成なのです。

5　地球をめぐる物質の循環

次に、物質の面から地球上の生態系を見てみましょう。光合成は、皆さんもよくご存じのように、二酸化炭素を有機物に固定し、水を分解して酸素を発生する反応です。作られた有機物は、植物自身かもしくは植物を食べた動物が、呼吸により分解してエネルギーを取り出すのに使われます。その際には、酸素を吸収して、二酸化炭素と水が放出されます。ですから、光合成と呼吸が歩調を合わせて動いている限り、酸素、二酸化炭素、水と有機物はぐるぐる回るだけで増えも減りもしません。

酸素を例にとって考えてみましょう。地球の大気には約21％の酸素が含まれていますが、人間が一回吸って吐くと呼吸によって酸素が使われて、吐いた空気の中の酸素濃度は16％程度になります。70億人の人が呼吸をするたびに、酸素は５％分ずつ減っていくわけです。しかも、呼吸をするのは人間だけではありませんから、全ての生物、つまり動物やら微生物やらの呼吸を合わせると、さしもの膨大な量の地球大気の酸素でも数千年後にはなくなってしまう計算になります。しかし、中国やエジプトに文明が発生してからでさえ数千年たっているわけですから、実際には呼吸によって酸素が消費し尽くされることがないことは明らかです。なぜ酸素がなくならないかというと、呼吸によって消費された酸素を光合成が絶え間なく再生しているおかげです。光合成によって人間は窒息しないですむわけです。地球の生態系における物質の循環において、動物と植物のバランス、もっと正確に言うと、呼吸と光合成のバランスが必須であることはおわかりいただけると思います。エネルギーが太陽から地球へ、そして宇宙へと一方向に流れていくのに対して、物質については有限な地球の内部で循環させせなければならないのです。

コラム

動物と植物のバランス

最近、一般の人でも環境問題に触れる機会が多くなったせいでしょうか、「人間1人の呼吸を支えるのに木が何本ぐらい必要なのですか」といった質問を受けることがあります。この質問は、おそらく生態系の中でのバランスを問題にしているのだと思います。ある時点でどの程度の光合成もしくは呼吸をしているのかが知りたいのではなくて、人間の呼吸によってどの程度の二酸化炭素が吐き出され、一方で樹木の光合成によってどの程度の二酸化炭素が空気中から樹木に固定されるのかを知りたいのでしょう。

そのような場合、短時間での光合成の速度を考えてもあまり意味がありません。むしろ、例えば30年間で木がどれだけ太くなるのか、といった有機物の蓄積が重要です。これは、必ずしも僕の専門分野ではありませんが、だいたいの計算をしてみることはできます。例えば、ある木が30年で5㎥の体積を占める大木になったとします。水を除いた重さが2・5t（トン）として、これがセルロースのかたまりだと考えると、そこに含まれる炭素の重さは、約1tになります。これは二酸化炭素に換算すると3・7tに相当します。1年あたりにすると120kg程度ですね。おおざっぱな計算ですが……。一方、人間は、1日にだいたい1kgの二酸化炭素を吐き出していると言われています。ですから1年では365kgの計算です。樹木の方の計算の前提がおおざっぱなものであることを考えると、まあ、人間1人が出す二酸化炭素の方が木1本が吸収する二酸化炭素よりはだいぶ多いぐらいかな、という程度の結論かと思います。これを多いと感じるか、少ないと感じるかは、人によると思いますが。

6　恐竜絶滅

では、地球生命を支える光合成ができなくなったら何が起こるでしょうか。恐竜が地球上から姿を消したのは、今からおよそ6500万年前のことです。恐竜絶滅の原因としては、古くからいろいろの説がありましたが、現在では巨大隕石が地球に衝突したことがきっかけであったと考えられています。衝突した隕石は直径10㎞の大きさと推定され、メキシコのユカタン半島沖の海底に衝撃による大きなクレーター状の構造が残っています。この「事件」は、中生代と新生代の境に起こり、これをきっかけに恐竜を含む多くの中生代型の生物が絶滅したと考えられます。それでは、なぜ隕石の衝突が生物を絶滅させたのでしょうか？

隕石も、直径10㎞となると、海に落ちた場合、巨大な津波が発生して沿岸地域の生物に大きな被害を与えたはずです。また、衝突の際に巻き上げられた砂塵などが近くの生物に被害を与えたことも予想できます。しかし、それだけでは、一群の生物種が地球上から全て絶滅する、という理由には弱いでしょう。

そこで考えられるのは、植物や藻類に対しての影響です。高く砂塵が巻き上げられて地球の成層圏にまで達すると、かなりの時間そこへとどまる可能性があります。また、砂塵にイオウ分などが含まれていれば酸性雨の原因にもなるでしょう。隕石の衝突の直接的な影響を受けずとも、酸性雨などによって植物の生育は妨げられ、また成層圏の砂塵によって太陽の光が弱くなれば、光合成が低下します。理由はともあれ、地球の生態系の中で植物がなくなってしまったら、生物は滅びるしかありません。既に述べたように、他の動物を食べて生きている動物でも、その餌となる動物は何か別なものを食べているはずで、その連鎖をたどっていくと、最後には他のものを食べずに生きていける生物、すなわち植物に行き着くのです。隕石の衝突が直接動物に与える影響が小さかった場合でも、植物が大きな被害を受ければ、それによって間接的に動物が絶滅する可能性は十分にあります。「恐竜殺すにゃ刃物は要らぬ……」というわけです。光合成が止まってしまったら、全ての生物の生存基盤が脅かされるのですから。

第2章　光合成の始まり

1　光合成が先か、呼吸が先か

この章では、地球生態系を支える光合成生物がどのように進化してきたかを見ていきましょう。まず考えてみたいのは、私たちのような動物が行っている呼吸と、植物が行っている光合成は、どちらが先に進化したのか、という点です。

太古の地球の大気には、酸素はほとんど含まれていませんでした。今の地球の大気に含まれる酸素は、基本的には光合成によって生じたものです。一方で二酸化炭素は、昔の大気にはかなり高濃度含まれ、むしろ時代が下るに従って減少してきました。呼吸には酸素が必要で、光合成には二酸化炭素が必要であることを考えると、最初に光合成をする生物が地球に出現して二酸化炭素を酸素に変え、次いでその酸素を利用する呼吸が進化したと考えると、つじつまが合いそうに思います。ところが、様々な生物の中での光合成と呼吸の分布を考えると、どうも呼吸の起源の方が古そうなのです。

私たちはタイムマシンを持っていませんから、生物がどのように進化してきたかを探るには、化石のような過去の生物の遺骸を調べるか、現在の様々な生物を調べるかのどちらかしかありません。例えば、翼や羽毛を持った生物の化石がいつ頃から現れたかを調べれば、鳥が進化してきた道筋を明らかにできるでしょう。しかし、光合成や呼吸といった細胞内の反応は、「形」がありませんから、その進化を化石から明らかにすることは極めて難しいことは想像がつきます。とすると、今地球上に現存する生物における光合成と呼吸の分布を調べるしか手がありません。そこで、最初に動物と植物を考えてみましょう。

人間は光合成をしませんが、呼吸をします。一方、植物は光合成をするのはもちろん、呼吸もします。もちろん、植物は、吸って吐いてといういわゆる**外呼吸**はしませんが、細胞の中で起こる反応としては、動物と同じ酸素を吸収して二酸化炭素を放出する呼吸を行っています。昼間は光合成をしているので、呼吸は影が薄いのですが、暗いところに植物を置けば酸素を吸収しているのをきちんと測ることもできます。

このように、呼吸は動物・植物共通で、光合成は植物だけに見られるという時に、進化を考える上でいちばん自然なのは、動物と植物の共通の祖先で呼吸が出現し、その後、植物が動物から分かれてから光合成が出現した、という見方です。とすれば、呼吸が先で、光合成はそのあとに進化したことになります。実は後に述べるように、植物というのは一本道に進化したわけではないので、このような単純な議論をするのは危険なのですが、それは今は置いておきましょう。

では、もっと広い範囲の生物を見た時にはどうでしょうか。現在の進化系統学では、生物を大きく3つのグループに分けて考えるのが一般的です（図2-1）。1つ目のグループは、植物と動物を含む**真核生物**というグループで、細胞の中に葉緑体やミトコンドリアといった**細胞小器官**を持ちます。残りは**原核生物**と呼ばれ、これがさらに大腸菌などが入る真正細菌のグループと古細菌という特殊な細菌のグループに分けられます。呼吸は、この3つのグループ全てで見られます。しかし、光合成をする生物は、真核生物と真正細菌には見られるのですが、古細菌で光合成をするものは見つかっていません。とすると、先ほどの論法からすれば、やはり呼吸が先に進化し、後から光合成が進化したと考えるしかなさそうです。

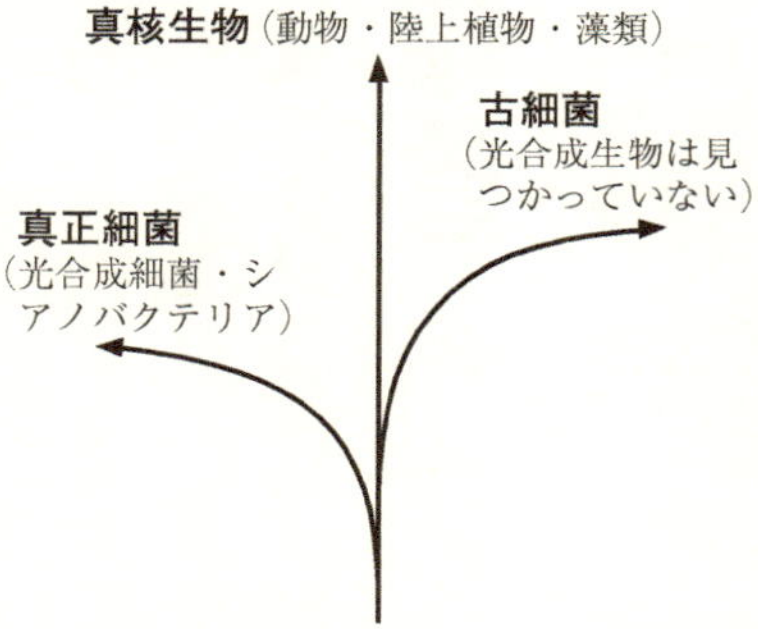

図2-1　生物は大きく3つに分類される

酸素が大きく関与する反応系には、呼吸の他に、活性酸素消去系というのがあります。これは、悪玉として名高い活性酸素を無毒化する酵素の一群ですから、酸素のないところでは持っている意味がないと思われます。しかし、この活性酸素消去酵素の起源も、やはり光合成の起源より古いのではないかと言われています。酸素は光合成によって生み出される以外に、大気中の水蒸気が紫外線などによって分解されることにより生ずることが知られています。そのようにして生じる酸素の量は、光合成によって発生している酸素に比べれば微々たるものですが、光合成が出現する以前の地球にも低濃度の酸素は存在したと考えられ、それを利用した呼吸や、その酸素による害を防ぐための活性酸素消去系が進化していたのかもしれません。

コラム　夜間の植物は体に悪いか?

よく「夜間に部屋に植物の鉢植えを置いておくのは体に良くないと聞きますが、本当ですか?」という質問を受けることがあります。これは、昼間は光合成をする植物も、夜間は呼吸をして酸素を吸収してしまうのだから、人の健康に悪いのではないか、という趣旨だと思います。では、植物の呼吸速度はどれぐらいでしょうか。もちろん、呼吸の速度であれ、光合成の速度であれ、植物の種類や環境条件によって大きく左右されますから、一般論で答えることは難しいのですが、まあ、概算はできるでしょう。

一般的には、光合成の能力が高い植物は呼吸も高く、逆に光合成の能力が低い植物の呼吸は低いことが知られています。最大の光合成の速度と呼吸の速度の比率はだいたい10対1程度でしょう。第7章のコラムを見ていただければわかると思いますが、人間1人の呼吸の速度は小さな鉢植えの光合成のおそらく何百倍にもなると思います。鉢植えの呼吸はその光合成のさらに10分の1程度なわけです。もし、鉢植えが体に良くないようだとしたら、となりに他人が寝ているのはその千倍も体に悪いことになります。窒息すると困るので他人と決して同じ部屋には寝ない、という人は別ですが、そうでなければ、部屋に鉢植えを置いて緑を楽しむのもよいかと思います。

2　光合成細菌

光合成をする生物の中で最も原始的なのは、光合成細菌と呼ばれる細菌の仲間です。と言っても、光合成細菌の行う光合成は、植物の光合成とは大きく違う点があります。光のエネルギーを利用して二酸化炭素を有機物に固定するという点は同じなのですが、水を分解して酸素を出すということができません。もし、光合成生物がいまだに光合成細菌のままにとどまっていたら、地球の大気には今のように酸素が含まれていなかったでしょうし、動物・植物が現在のように繁栄することはできなかったでしょう。とは言え、光合成細菌の誕生は、地球の生態系において「光を利用する」ことが始まった、という点で画期的です。

光合成が出現する前の地球上で生物が利用できるエネルギーは、2種類しかなかったと考えられます。1つは、放射線や放電などのエネルギーによってわずかに作られる有機物、もう1つは、水素と二酸化炭素、あるいは硫化水素と酸素といった無機化合物の組み合わせによって生まれるエネルギーです。どちらも量的には非常に少なかったでしょうから、地球上の生物の合計量というものは、現在から考えれば、ほとんど無視できると言ってもよいような少ないものだったはずです。そこに、無尽蔵と言ってもよい太陽の光エネルギーを使える道が開けたわけです。

ところが、光合成細菌の光合成には水を分解できないという制約がかかっていたため、せっかくの光エネルギーを十分には活用できませんでした。なぜ、水を分解できることがそのように重要かと言うと、二酸化炭素を有機物に変えるためにはものを**還元する力**が必要だからです。二酸化炭素を例に、還元とは何かを考えてみましょう。

二酸化炭素はその名前のとおり炭素と酸素が1対2で結合した化合物です。一方で、光合成の産物の炭水化物は、これも名前のとおり、炭素に水（酸素1つと水素2つの化合物）が結合した形になっています。つまり、炭素、酸素、水素の比が1対1対2になっています。ですから、二酸化炭素を炭水化物に変えるためには、炭素1つあたり、酸素を1つ取り、水素を2つくっつけなくてはならないことになります。酸素を取り去る反応、および水素をくっつける反応は、どちらも**還元反応**と呼ばれます。つまり、二酸化炭素の固定には、エネルギーの他に「還元剤」（相手を還元する物質）も必要なのです。

光合成細菌はこの還元剤として、有機物、もしくは硫化水素などの無機物を必要とします。したがって、光を使うことによりエネルギーは得られるようになっても、結局、還元剤として有機物や硫化水素を使わなくてはならないため、そのような物質が存在する場所でしか生育できないという点では、「光合成以前」の生物と大きな差はなかったことになります。ちなみに、硫化水素などを使うタイプの光合成細菌は、酸素がふんだんにある条件（好気条件といいます）では生きていけません。ですから、例えば、池の少し深いところなどで酸素濃度が低下したような場所（嫌気的な場所）に生息していたりします。

せっかくですので、少し煩雑になりますが、光合成細菌というものがどのような生物かを見てみましょう。光合成細菌には、緑色イオウ細菌という名前のものを含むグループ（ここではⅠ型光合成細菌としましょう）と、紅色細菌という名前のものを含むグループ（ここではⅡ型光合成細菌としましょう）の2つがあります。Ⅰ型光合成細菌は還元力として主に硫化水素を用いるものが多く、Ⅱ型光合成細菌は還元力として有機物を使うものなど、多くの種類を含みます。どちらのグループの光合成細菌も、光合成色素として、植物のものとは異なるクロロフィルを含んでおり、これらは、バクテリオクロロフィルと呼ばれます（図2-2）。

クロロフィルとバクテリオクロロフィルにはそれぞれいくつかの種類がありますが、特にクロロフィルに特有の構造、もしくはバクテリオクロロフィルに特有の構造といったものはありませ

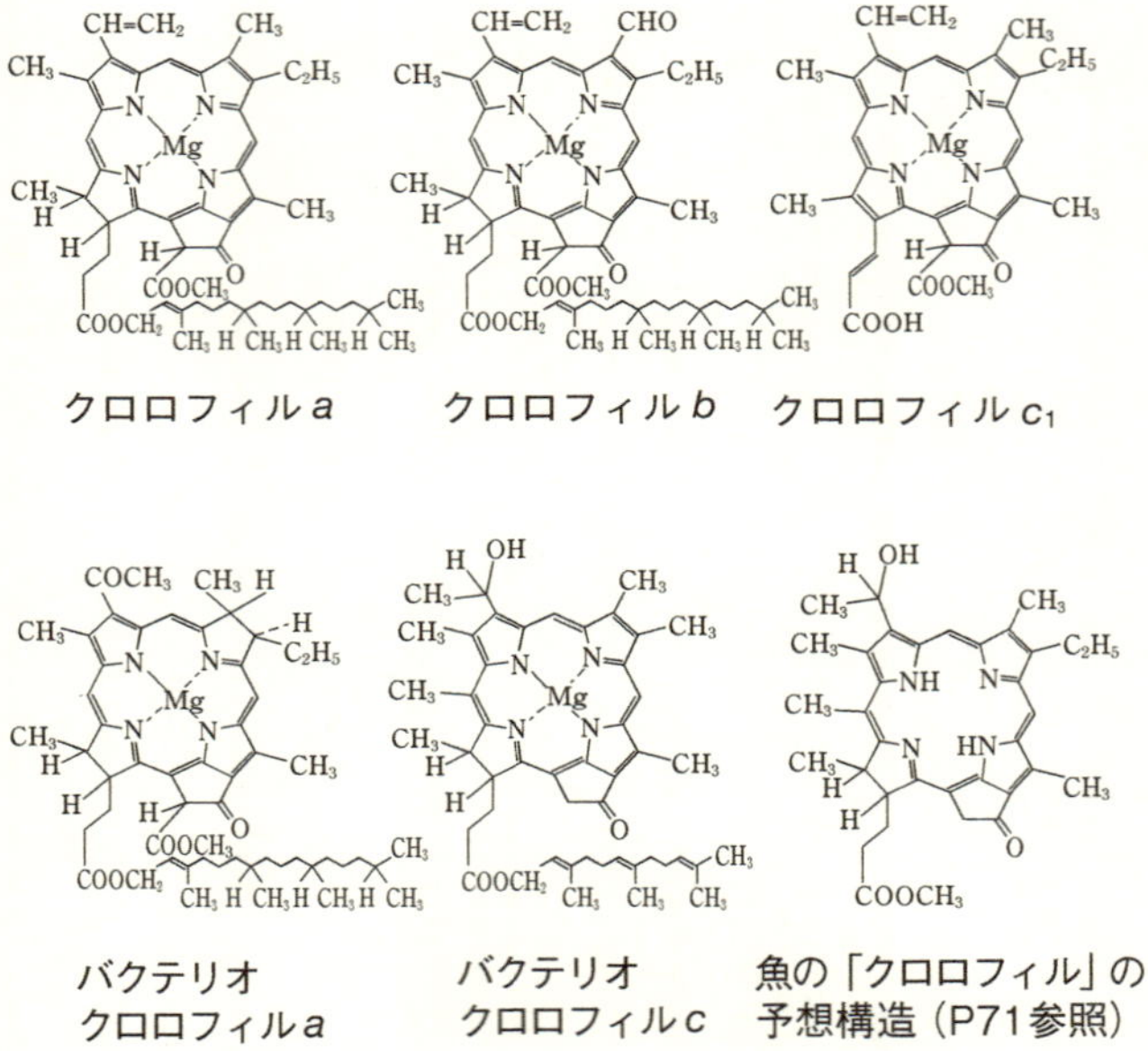

図2-2　植物のクロロフィルとバクテリアのクロロフィル

ん。では、どういうものをクロロフィルと呼び、どういうものをバクテリオクロロフィルと呼んでいるかというと、単に光合成細菌が持つクロロフィルをバクテリオクロロフィル、植物が持つクロロフィルを単なるクロロフィルと名付けているに過ぎません。もし将来、植物と同じクロロフィルを持つ光合成細菌か、逆にバクテリオクロロフィルを持つ植物が見つかったら、きっとその共通の色素にどのように名前を付けるべきかわからなくなってしまうでしょうね。

しかし、今のところ光合成細菌

と植物の橋渡しをするような中間的な生物は見つかっていません。

このように、構造的には目立った特徴があるわけではないバクテリオクロロフィルですが、光の吸収の仕方を考えた場合には、一般に植物のクロロフィルが吸収する可視光よりも少し波長の長い近赤外線を吸収するという特徴を持ちます。先ほど、池の少し深いところに光合成細菌が棲んでいる例があるという話をしました。浅いところにいる植物型の光合成を行う藻類のクロロフィルによって可視光が吸収されても、バクテリオクロロフィルを持っていれば、透過してくる残った近赤外線を吸収できます。そのような場合は、光合成細菌がバクテリオクロロフィルを持つことが利点となるわけです。

最後に、光合成細菌が、細胞のどこで光合成をしているかについて触れておきましょう。光合成の反応のうち光合成色素が光を吸収してそのエネルギーを化学エネルギーに変える部分は、全ての光合成生物で、脂質の二重膜からなる光合成膜の上で行われます。光合成細菌の細胞を電子顕微鏡などで見ると、細胞の中にたくさんの小さな泡が浮いているように見えます。この泡が、光合成細菌の光合成膜です（図2-3）。顕微鏡で見ると、泡のつぶつぶは独立しているように見え、細胞を壊して顆粒状の膜（クロマトフォアと呼ばれます）としてこの泡を取り出すことも可能ですが、細胞の中では、少なくとも最初の段階では外側の細胞膜とつながっていると考えられ

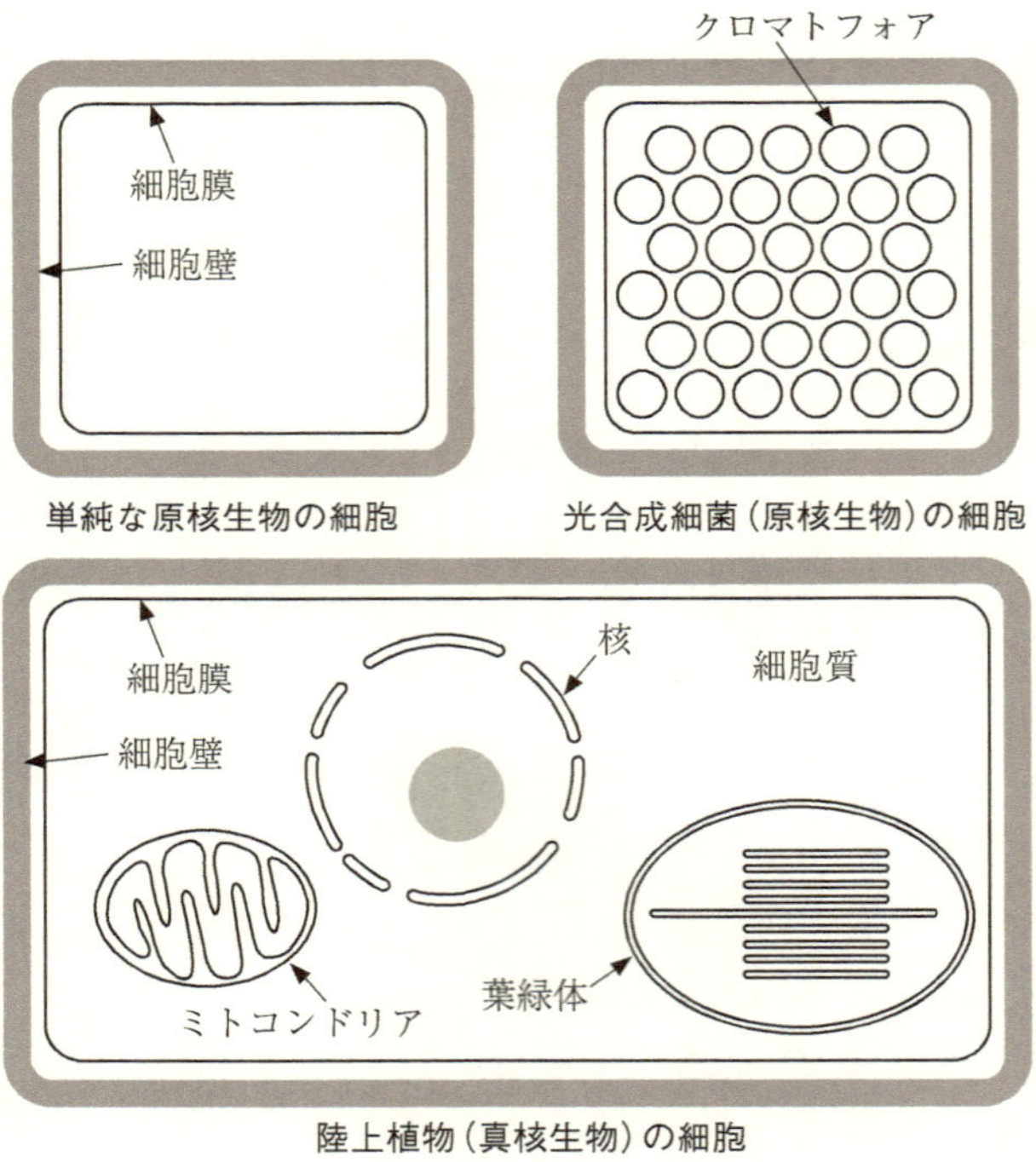

図2-3　原核生物と真核生物の細胞構造の例（モデル図）

ます。おそらく、原始的な光合成細菌では細胞膜で光合成をしていたのでしょう。しかし、細胞膜は細胞の大きさによってその面積が決まってしまいます。光合成の能力をさらに高めようとした場合には、細胞の内側に光合成膜を張り出すことによって、光合成の場を確保する必要があります。光合成細菌の光合成膜は、このような形で生まれたのではないでしょうか。

3　酸素発生生物の誕生

さて、おそらく今から27億年ぐらい昔、地球上に水を分解して酸素を発生する生物が出現しました。これが酸素発生型の光合成生物です。水というのは極めて安定な物質ですから、それを分解するためには、大きなエネルギーが必要です。前の節で述べた光合成細菌には、I型光合成細菌とII型光合成細菌があるとお話ししましたが、それらは単独では水を分解することができません。ところが、新たに現れた**シアノバクテリア**という生物は、2種類の光合成細菌が合体したような生物で、光のエネルギーを言わば二重に使うことによって水を分解するエネルギーを得ています。これによって、硫化水素や有機物といった存在場所が限られる物質に依存せず、水と光のあるところであれば、ほとんどどこででも生育できる生物が誕生したのです。

現在、植物と藻類は地球上のどこにでも見られると言っても過言ではありませんが、それはそれらの生物のいわば「祖先」であるシアノバクテリアが、水を分解する能力を身につけたことによるのです。このシアノバクテリアは単細胞の原核生物で、その点では、陸上植物よりは同じ原核生物の光合成細菌とより似ているように見えます。シアノバクテリアも光合成細菌も、真核生物である陸上植物とは違って、細胞に核やミトコンドリアなどを持たず、より単純な形態の細胞からなっています。しかし、光合成という点から見た時には、シアノバクテリアは陸上植物と同じ酸素発生型の光合成を営み、持っている色素もバクテリオクロロフィルではなく陸上植物の持つのと同じクロロフィルです。つまり、光合成細菌からシアノバクテリアに進化する過程で、

(1)2種類の光合成細菌が合体し
(2)水を分解できるようになり
(3)色素がバクテリオクロロフィルからクロロフィルへ置き換わった

という3つの極めて大きな変化が起こっているのです。この3つの変化がどのように起こったのか、一度に起こったのか、それとも段階を追って変化していったのか、という点については、全く未解明のままです。将来、光合成細菌とシアノバクテリアの間のミッシング・リンクのような生物が発見されればもう少しわかるかもしれませんが、現在までのところ、3つの変化が起こる前の光合成細菌と、全ての変化が完了したあとのシアノバクテリアしか見つかっていません。しかし、かなり高等な動物でさえいまだに新種が見つかっているわけですから、将来そのような新奇の生物の発見によって、光合成の進化の過程が明らかになる可能性も十分に考えられるのではないかと思います。シアノバクテリアが、なぜ同じ原核生物の光合成細菌よりも真核生物の陸上植物に似ているのか、という点については次の節で考えてみます。

最後に、シアノバクテリアの光合成膜について考えてみます。多くのシアノバクテリアは、細胞の中に**チラコイド膜**と呼ばれる光合成膜を持っています。細胞の切片を電子顕微鏡で見ると、チラコイド膜は細胞の中で同心円状に存在しており、細胞膜とは別の膜と考えられます（図2-4）。膜を構成する脂質も、チラコイド膜と細胞膜では大きく違います。ですから、チラコイド膜は光合成の場として特化し、細胞膜とは全く別の存在になっていると考えられます。

ところが、最近になって *Groeobacter violaceus* というシアノバクテリアの一種では、このチラコイド膜が存在しないことが明らかになりました。この種では、細胞膜が光合成膜として働いているのだと考えられています。このシアノバクテリアは、他にも光合成に働く一部のタンパク質が存在しないなどといった、通常のシアノバクテリアとは異なる特徴的な性質を持っており、祖先的な形質を保持したシアノバクテリアなのではないかと考えられています。シアノバクテリアの進化、ひいては光合成の進化については、これからも研究を進めていかなくてはならないでしょう。

図2-4　シアノバクテリアの細胞の電子顕微鏡写真
写真提供／井上勲

コラム 鉢物の腰水は良くない?

室内に植物の鉢があると部屋の雰囲気が和みますが、うっかり水やりを忘れたりすると、すぐにしおれてしまいます。そのような時に、腰水という方法があります。鉢の下にお皿を敷いて水を溜めておく、という方法で「お皿の水が完全になくなるまでは数日水やりを忘れても大丈夫」という寸法です。不精者にはピッタリな方法です。ところが、園芸の本などに、腰水は植物に良くない、と書いてある場合があります。実際、植物の種類にもよるのですが、腰水によって植物の生育が悪くなる場合があるのは確かです。

これにはいくつか原因が考えられますが、そのうちの一つが植物の呼吸です。植物も呼吸をしますから、その際には、人間と同じように酸素を使います。その際、光合成の働きによって空気の21%は酸素になっていることを考えると、空気と触れているところでは酸素が足りなくなるようなことはまずありません。ところが、水の中ではそうはいきません。水に溶け込める酸素の濃度は必ずしも高くないからです。鉢の土の隙間にはたいてい空気があるので普通は問題ないのですが、水につけてしまうと、その部分の土の隙間が水でふさがれて酸素不足を引き起こすことになるのです。でも「もしそうなら水田のイネなどはどうなんだ」という疑問がわくかもしれません。あれは水で根が覆われていてもピンピンしているぞ、と思うのは当然なのですが、イネの場合は茎の部分に空気を通すような仕組みがあって、地上部から根に酸素を送ることができるようになっているのです。ですから、全ての植物に腰水が悪いわけではありませんが、よくわからない時には避けておいた方が無難かもしれませんね。

4　細胞内共生説

前の節で述べたシアノバクテリアは、光合成の機能という面では、陸上植物・藻類のものと基本的には同じ、と言ってよいでしょう。しかし、シアノバクテリアは原核生物であって、真核生物である高等植物とはまったく異なります。この章の第1節で、生物を大きく3つに分類すると、真核生物、真正細菌、古細菌に分けられるという話をしましたが、シアノバクテリアは真正細菌の仲間であり、高等植物は真核生物の仲間なので、まったく異なります。むしろ、光合成の機能がシアノバクテリアや高等植物とは異なる光合成細菌は、シアノバクテリアと同じ真正細菌です。つまり一般的な分類と、光合成の面から見た分類と

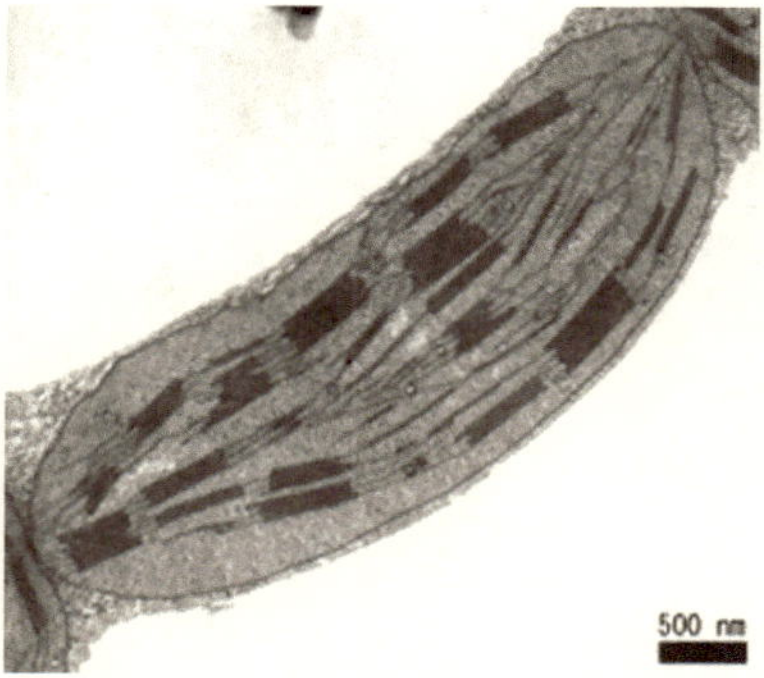

図2-5　葉緑体の電子顕微鏡写真
写真提供／箸本春樹

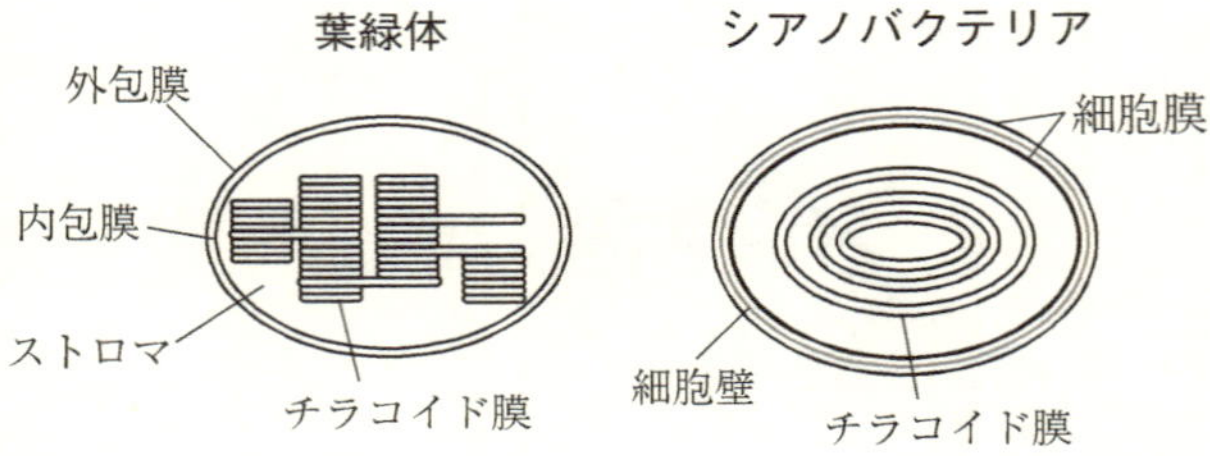

図2-6　真核生物の葉緑体とシアノバクテリアの細胞

が、どうも食い違うように見えるのです。

この食い違いの原因を魅力的に説明したのが、**細胞内共生説**です。共生説は、いろいろな細胞の構造をよく観察比較したところから出発しました。原核生物は細胞の構造が単純で、通常のシアノバクテリアの場合、光合成膜であるチラコイド膜は直接細胞質の中に存在します。一方、植物の細胞では、細胞の中に葉緑体やミトコンドリアといった細胞小器官があり（図2-3）、光合成の反応は葉緑体の中で行われます。葉緑体の内側には、光合成膜であるチラコイド膜が存在します。シアノバクテリアのチラコイド膜が同心円状なのに対して、葉緑体のチラコイド膜は直線的で、ところどころに何層もの積み重なりがあり写真では黒っぽい四角に見えます（図2-5）。チラコイド膜の形状に見た目の違いがあるとはいえ、真核生物の細胞の中の葉緑体の構造自体がシアノバクテリアの細胞の構造とよく似ているのに気がつきます（図2-6）。これをもとに、リン・マーギュリスという人が、葉緑体などの細胞小器官は、実はもともと原核生物が細胞内に共生したものが起源になっているという大胆な説を唱えたのです。葉緑体だけではなく、呼吸を司るミトコンドリアは好気性の細菌が共生したもの、核も別の細菌が共生したものである、とされました。

葉緑体やミトコンドリアの外側の膜は包膜と呼ばれますが、これは外包膜と内包膜という2枚の膜からなっています。そして、この膜を作る成分が、外包膜と内包膜でだいぶ違うことが知られていました。これも共生説の根拠となりました。他の生物を共生させている生物を宿主と言いますが、宿主が外から何かものを取り込む時には、図2-7のように自分の細胞の細胞膜を内側にくぼませて、その中にものをくるみ込むようにして細胞内に取り入れます。そうすると、結果として外から取り入れたものは、もともと宿主の細胞膜だった膜に囲まれることになります。その取り込まれたものが細菌であって、もともと1枚の膜を持っていたとすれば、合計で2枚の膜を持つことになり、しかもその起源は、1枚は宿主の細胞膜、もう1枚は取り込まれた細菌の細胞膜ですから、その成分が違っていることもうまく説明できます。

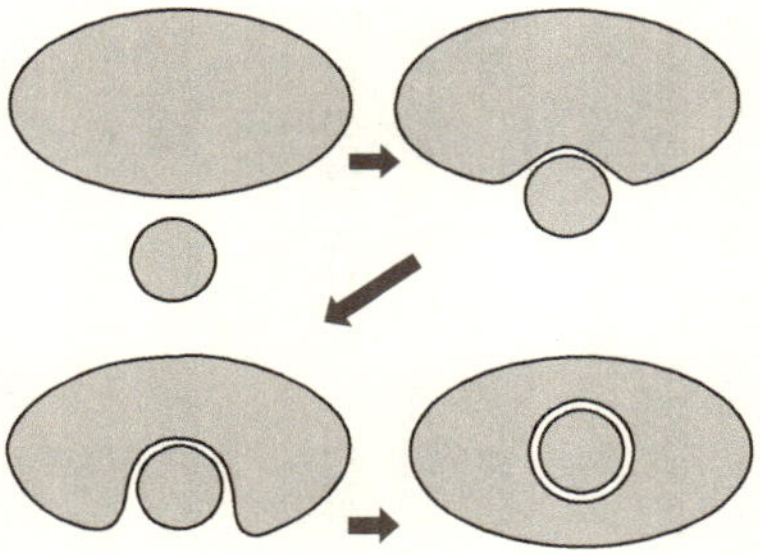

図2-7　宿主は自分の細胞膜をくぼませて

ただ、細菌の中でもグラム陽性細菌という仲間は、1枚の細胞膜とその外側にペプチドグリカンという物質でできた細胞壁を持っているのですが、グラム陰性細菌という仲間は、ペプチドグリカンの細胞壁の外側に、さらにもう1枚の膜を持っていることがわかってきました。今のところ、共生した細菌はグラム陰性細菌ではないかと言われているので、そうだとすると、もともと2枚の膜を持っていた細菌が共生したら3枚の膜を持つことになるはずで、数が合いません。共生の過程で膜が1枚消失したと考えなくてはならないことになります。ですから、葉緑体包膜が2枚であるということは、共生説の根拠としては少し影が薄くなっています。

ただそれ以上に、共生説を強力に支持する発見が相次ぎました。例えば、葉緑体やミトコンドリアがＤＮＡを持っているということです。普通、細胞の中では、核の中のＤＮＡの遺伝情報を基にタンパク質を合成し、必要な場所に届けます。しかし、葉緑体やミトコンドリアの場合は自前のＤＮＡを持っていて、必要なタンパク質の一部を自分で合成しているのです。その他のタンパク質は核の遺伝情報を基に合成して葉緑体に運んでいるので、「船頭多くして船山に登る」ということにならないか心配になるところです。しかし、もともと別の生物であったものが、共生によって一つの生物になったのであれば、船頭が2人いるのもうなずけます。

さらにこの葉緑体のＤＮＡから、面白いことがわかりました。ＤＮＡの配列というものは親から子へと伝えられる間に少しずつ変化していきますから、DNAの配列がどの程度似ているかによって、生物がお互いにどの程度近い関係にあるのかを調べることができます。葉緑体のDNAの情報にシアノバクテリアのDNAの情報を加えて、このような類縁関係を調べてみると、様々な植物や藻類の葉緑体はおそらく単一の起源を持っていて、しかもその起源はシアノバクテリアにあるという結果になったのです。このことは、現在の様々な植物の起源は単一であって、ある時の1回限りの共生によって生じたのだということを示しています。この最初のシアノバクテリアの共生を**一次共生**と言います。一次共生が、本当に1回限りの出来事だったのかどうかについては、完全に決着したわけではなく現在でも議論が続いている点ですが、いずれにせよ極めてまれな出来事であったことだけは確かで、その偶然によって、その後の地球生態系は大きく変化していくことになります。

コラム　マラリア原虫の光合成

熱帯地方では今でもなお猛威をふるうマラリアは、マラリア原虫という、系統学的にはアルベオラータという分類群に属する微生物によって引き起こされます。ところが、なんとこの寄生虫がもともとは真核光合成生物であったことがわかってきました。マラリア原虫には細胞の中によくわからない構造物があることが知られていたのですが、それを調べると中にはＤＮＡが含まれており、しかもそのＤＮＡには葉緑体のＤＮＡに載っている遺伝子と似たものがたくさんあったのです。つまり、どうもこの構造物というのは、実は葉緑体の退化したものらしいのです。

現在、この葉緑体の「痕跡」はアピコプラストと名付けられています。このアピコプラストはもちろん光合成はしないのですが、脂肪酸の代謝などは行っているようで、アピコプラストの機能を阻害すると、マラリア原虫は生きていけないという報告もあります。痕跡といっても、まだ重要な役割を果たしているのでしょう。

アルベオラータという分類群には、(1)マラリア原虫を含むアピコンプレクサ類という寄生生物の仲間、(2)ゾウリムシやラッパムシなどを含む繊毛虫類という仲間、そして(3)サンゴに共生する褐虫藻などを含む渦鞭毛藻という光合成をする藻類の仲間、という全く似ていない3種類の生物が含まれます。しかも、この渦鞭毛藻の仲間の一部には、光合成をせずに動物プランクトンや魚の鰓《えら》に寄生して生きていくものがいます。マラリア原虫や寄生性の渦鞭毛藻は明らかに一度獲得した光合成を捨てていて、しかもその変化はばらばらに何度も起こっているようです。進化の過程で、光合成生物になったり、再び従属栄養生物に戻ったりという変化は、実はこれまで頻繁に起こっていると考えられます。

5　植物の誕生

さて、この葉緑体のDNAから得られた情報を核のDNAから得られた情報と比較検討してみると、さらに奇妙なことがわかりました。核は別に光合成生物でなくとも真核生物なら全て持っていますから、植物・動物を全て含めた様々な生物の類縁関係を調べることができます。そうすると、葉緑体の情報からでは単一の起源であった植物が、核のDNA情報から作った生物の類縁関係を示した系統樹の上では、何ヵ所にも分かれてしまったのです。系統樹の別々の位置に植物が現れるということは、生物が進化の過程で何度も独立に光合成の機能を獲得した、ということを意味するように思えますが、これは先ほどの葉緑体DNAの情報から得られた「植物が単一起源である」という結論と真っ向から対立してしまいます。この矛盾から救ったのが、またもや共生説でした。

シアノバクテリアが共生して、真核の光合成生物ができたのは1回限りの出来事であったとしても、もし結果として生まれた真核の光合成生物が、さらにあちらこちらの生物と共生を繰り返したとしたらどうでしょう？　共生をしても葉緑体はそのままですから、葉緑体のDNAを見ている限りにおいては、光合成機能を持つ植物は1つの起源から進化していったように見えるでしょう。しかし、核のDNAの側から見ると、まったく別々に進化してきた宿主に葉緑体がいきなり乗っかる形になりますから、系統樹のあちこちに別々に光合成生物が出現しているように見えることになります。このように、共生によって生じた真核の光合成生物がさらに別の真核生物に共生することを**二次共生**と呼びます。

さて、ここで、葉緑体の包膜が2枚であることが共生説を支持する根拠であった、という話を思い出してください。二次共生が本当にあったのなら細胞への取り込みが2回起こっているはずですから、葉緑体の膜の数が変わっていてもよいように思います。そこで様々な藻類の葉緑体の包膜の枚数を数えると、確かに3枚のものや4枚のものが見つかったのです。例えば、クリプト藻やクロララクニオン藻といった藻類の仲間では、葉緑体は4枚の包膜を持ちます。一次共生によって生じた生物は葉緑体の2枚の包膜にさらに細胞膜を持っていますから、これが宿主の細胞膜によってくるみ込まれれば、予想される二次共生生物の葉緑体の包膜は4枚になるはずで、クリプト藻やクロララクニオン藻の場合とピッタリ一致します（図2-8）。この他にも、様々な藻類で4枚の包膜を持つ葉緑体が見つかっています。3枚の包膜を持つのは渦鞭毛藻やミドリムシなどの葉緑体で、これに関してはどうして1枚だけ包膜が増えたのかよくわかりません。もしかしたら、二次共生で一度4枚の包膜を持つようになり、そのうちの1枚が何らかの理由で消滅したのかもしれません。

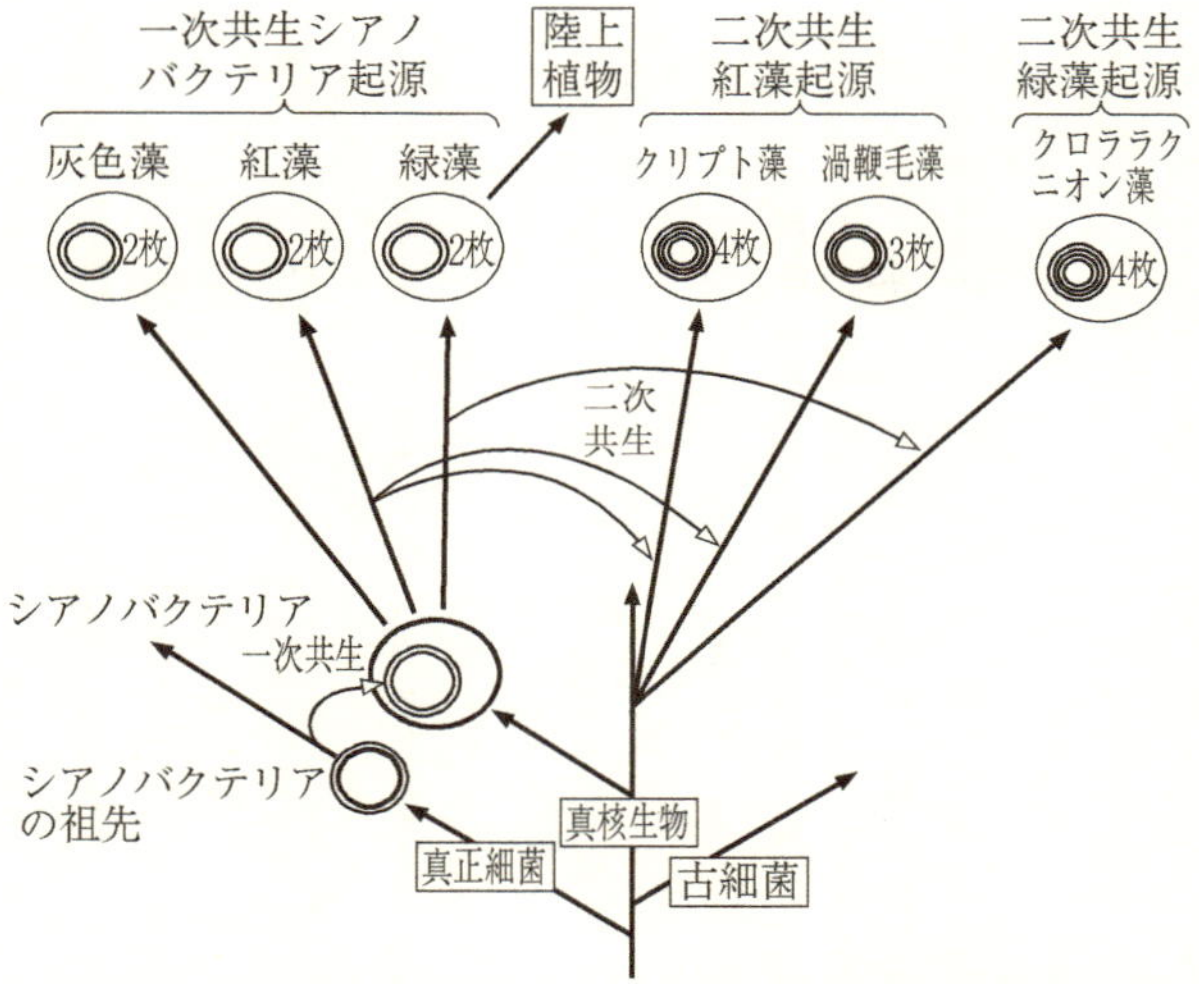

図2-8　共生の回数と葉緑体の包膜との関係

渦鞭毛藻での3枚の包膜の由来がいまだに説明できないように、包膜の枚数だけでは共生の決定的な証拠とは言えません。しかし、さらに強力な証拠がやはり細胞の観察をきっかけに見つかりました。先ほどのクリプト藻の葉緑体をよく観察すると、4重の包膜のうち外側2枚と内側2枚の間に、妙な構造物があるのが見つかりました。この構造物は、核に形が似ているのでヌクレオモルフ（ヌクレオ＝核の、モルフ＝形態）と名付けられたのですが、調べてみると実際にDNAが含まれており、しかも少ない数ながら遺伝子を持っていることが明らかになったのです。ここから、このヌクレオモルフは最初の宿主の核だったのではないかと考えることができます。それが別の真核生物に二次共生によって取り込まれた後、1つの細胞に核が2つあってもしょうがないので、取り込まれた側の核がヌクレオモルフへと退化したのだとするときれいに全てが説明できます。共生したのは真核生物でしょうから、核の他にミトコンドリアも持っていたはずですが、こちらは完全に退化して何も残っていないようです。

古代ギリシャの哲学者アリストテレスは、生物を動物と植物に分類しました。その後、生物を分類する系統分類学という学問は、ダーウィンの進化論的な考え方を取り入れて複雑に発展してきましたが、それでも長らく動物と植物は別々に進化してきたと考えられてきたのです。しかし、今や基本的な光合成生物は光合成細菌とシアノバクテリアであり、その他の生物の場合は、共生によって「たまたま」光合成生物を取り込んだものが、藻類なり植物なりになっていったのだ、と考えられるようになりました。しかも、いったん獲得した光合成の能力も、常にそのまま持っているとは限りません。寄生植物のギョリンソウは真っ白でクロロフィルを持たず、一度獲得した光合成能を失ったと考えられます。それどころか、前のコラムで紹介したように、病原性微生物としか考えられてこなかったマラリア原虫ですら、実は進化の過程で光合成能を失った「元」光合成生物であったことが明らかになってきているわけです。生態学の分野では系統関係とは別に、生物を生産者・消費者・分解者に分けます。ここでは、それぞれの生物が進化の過程でどれだけ近縁な位置にいるかではなく、その生物の生態系の中における働きが重要視されているわけです。植物の定義も、むしろそのような意味でとらえた方がよいのかもしれません。

コラム

共生の始まり

真核生物が他の光合成生物を取り込む共生の出発点は、捕食であったのでしょう。最初は微細藻類を捕食して消化して栄養にしていたのが、そのうちすぐには消化せずに、細胞の中でしばらく光合成をさせてその「上前をはねる」ようになり、最終的には共生体を葉緑体に変えて自らを光合成生物にする、というのが予想される成り行きです。最近になって、この途中段階と考えることができる観察がいくつか報告されました。

筑波大学のグループは、「ハテナ」と名付けた面白い微生物を発見しました。このハテナは、多くのものでプラシノ藻と思われる真核藻類を共生させています。共生したこの藻類は、核やミトコンドリアを持っていますから、完全に「葉緑体」にはなっていませんが、その他の構造の多くが消失していることから、自立的に生きていくことは不可能な状態になっています。面白いのは、このハテナが分裂で殖える時、片方にだけ共生体が移行し、もう片方は共生する藻類のない細胞になるという点です。しかも、この藻類を持たないハテナは捕食装置を発達させて、藻類を取り込む能力を持つようになります。細胞分裂時に、少なくとも片方の細胞に共生体を受け渡すわけですから、単に「消化しきれていない」という段階よりは、少し葉緑体に近づいているように思えます。

消化しきれていない段階の葉緑体についても面白い報告があります。繊毛虫というのはゾウリムシやラッパムシの仲間ですが、この仲間に光合成能力があるものがいることは古くから知られていました。この仲間の *Myrionecta rubra* は、細胞内にクリプト藻を共生させていて、細胞内の構造をよく見ると、クリプト藻のミトコンドリアと葉緑体は、葉緑体と共に一つの構造物として存在します。けれどもクリプト藻の核はこの構造物の内側ではなく、外側に存在するのです。ですから、クリプト藻は、独自の細胞としては形を留めていないのですが、捕食されてから30日程度の間このクリプト藻の核は機能を保っていて、葉緑体の機能維持に役立っているようなのです。つまり、葉緑体の機能と共に核の機能も宿主の繊毛虫によって「生かされている」ことになります。これまでにも、葉緑体の機能だけを捕食後しばらくの間生かしておくという話はありましたが、この繊毛虫のように核の機能まで生かしているという報告はこれが初めてでした。ちなみにクリプト藻は二次共生によって生じた生き物ですから、この繊毛虫で見られる共生は三次共生ということになります。

第3章　光を集める

1　太陽の光

光合成の原動力は光です。「太陽の恵み」という言い回しがありますが、春先に日なたぼっこをしているだけでも、太陽のありがたみを感じることができます。我々の太陽からは、3.8×10^{26} Wというエネルギーが放射されています（10^{26}というのは1のあとに0が26個続く数です）。W（ワット）という単位は電球などでおなじみですが、10の右肩に載っている指数が26にもなっていると、どの程度のエネルギーなのか想像がつきません。膨大であることがわかるぐらいです。太陽の光は四方八方に拡散していきますから、そのうち地球に届くエネルギーは1.8×10^{17} Wになります。約20億分の1になるわけですが、そうは言ってもまだ指数は17ですからやはりイメージがわきません。そこで、これを人類のエネルギー消費と比較してみると、太陽光1時間分で、人類のエネルギー消費をまるまる1年間まかなえるという計算になります。つまり、1年にたった1時間、地球に降り注ぐ太陽エネルギーを１００％利用することができたら、人類のエネルギー問題は即座に解決することになります。それほど、太陽のエネルギーは膨大なのです。

しかし、問題点が1つあります。それは、光のエネルギーとしての「薄さ」です。地球に降り注ぐ太陽光エネルギーを面積あたりにして計算すると1㎡あたり1・4kWになります。途端に、家庭でも使うような単位になりました。つまり、太陽光のエネルギーは膨大だけれども「薄い」ので、まとめて大きなエネルギーが欲しいと思うと広大な面積が必要になってしまうのです。例えば、太陽光発電というのは技術としては十分に実用化されていますし、太陽の光以外は使わない極めてクリーンなエネルギー源です。それでも、全てのエネルギー消費をそれに頼ろうとすると「面積を必要とする」という点で必ずしも万能の解決策にはならないのです。面積を必要とする、という点は植物にとっても同じで、そのために作り上げた装置が薄く平べったい「葉」であるわけです。この章の以下の節では、植物が「薄い」光を集める仕組みを見ていきます。

コラム　動物の光合成

萩尾望都の『11人いる!』という作品には、クロレラを共生させているガンガという人物が登場します。日なたぼっこをしているだけでおなかがいっぱいになるのだとしたら、なかなかよさそうですが、はたして実際に動物が光合成に依存して生きていくことは可能でしょうか。

少なくとも人間の場合は、かなり無理があるようです。

これは、先に見たように光が「薄い」ために、人間の活動に必要なエネルギーをまかなおうとするとかなりの面積（実際どの程度になるかは、第7章2節のコラムで見積もります）が必要となるので、人間の体表面の面積だけでは到底足りない、ということが一つの原因です。『11人いる!』のガンガの場合もクロレラの共生は延命処置という扱いで、作中ではちゃんと食事をします。

サンゴは分類学上は動物でありながら、共生している褐虫藻という藻類の光合成によって生きています。しかしサンゴは動きませんし、何しろあの枝のような形ですから、「動物の光合成」というイメージはありません。ところが世の中は広いもので、光合成に依存して生きているクラゲというのが現実に存在します。パラオ諸島にたくさんの塩水湖がある島がありますが、この塩水湖に棲んでいるタコクラゲは体に光合成をする渦鞭毛藻の仲間を共生させていて、その光合成に依存して生きています。餌をとる必要がないので、普通のクラゲのような毒のある刺胞を持っていません。面白いのは、タコクラゲは共生させた渦鞭毛藻が光合成をしやすいように光を求めて動くということです。しかも、夜には湖の深いところに移動して、湖の表面には少ない栄養素を吸収するのだそうです。これこそ、まさに動物の光合成です。もっとも、クラゲの場合は比較的動きが少ないので何とかなるのでしょうけれども、より活動的な動物ではやはり光合成に依存して生きていくのは難しいでしょうね。

2　葉で光を集める

葉には、光を吸収する色素としてクロロフィル（葉緑素）が含まれていて、入ってくる光を吸収します。クロロフィルは細胞の中の葉緑体に含まれているのですが、樹木の葉のような少し厚めの葉の構造を顕微鏡で見ると面白いことに気がつきます。横から見ると（図3-1）、葉の表側には細長い整った形の細胞がきちんと整列して並んでいますが（きちんと並んだところが柵のように見えるので柵状組織と名前が付いています）、葉の裏側では細胞はいびつな形をしていて、細胞と細胞の間には隙間がたくさんあります（細胞がスポンジのように見えるので、海綿状組織と名前が付いています）。これには実は重要な意味があるのです。

屈折率の異なる物質の境界面を光が通ると、光の向きが変わります。もし境界面の向きがバラバラだと、光はあちこちに散乱することになります。例えば、透明な氷砂糖でも砕いて細かくすると、白い粉砂糖になります。透明なガラスもひびが入るとその部分は透明に見えなくなります。細かくすると物質の表面積が増えるので、その多くの面で光があちらこちらに散乱し、結果として透明ではなく白く見えるようになるのです。

このことを頭に置いて先ほどの葉の構造を考えると、葉の表側の柵状組織では、細胞の形が整っていますから入ってきた光はあまり散乱せずに葉の内部へと導かれます。そして裏側まで来ると、海綿状組織のいびつな細胞が隙間を持って配置されているため、その大きな表面積によってあちこちに散乱することになります。散乱した光は別に一定の方向へ向かうわけではありませんが、そのまま葉の外へと通り抜ける光の割合は散乱があれば少なくなるので、結果として通り抜けるはずの光も一部が葉の内側へと戻ることになります。これによって、入ってきた光を最大限利用できるようになっているわけです。実際に、ツバキのように厚い葉を持つ植物で見ると、葉の表に比べて葉の裏はたいてい白っぽく見えます。このほか、道ばたや土手でよく見られるカラムシなどでは、葉の裏に綿毛が密集していて、裏から見るとやはり葉が白く見えます。機能的に見ると、葉の裏に鏡を付けて光を有効活用しているのと同じだと言えるでしょう。ちなみに、多くのイネ科の草のように、葉が立っていて表からも裏からも光が当たるような植物では、葉を表から見ても裏から見てもあまり差がありません。どちらからも光が来る場合には、片方に鏡を付けたりすれば損になりますから、これは当然ですね。

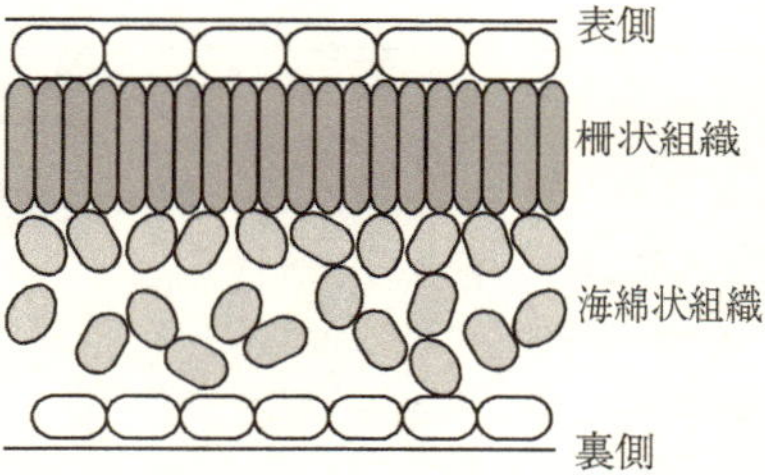

図3-1　葉の構造を顕微鏡で見ると

コラム　紅葉

葉っぱの色素と言えば、紅葉の際の赤い色素が頭に浮かぶ人も多いでしょう。この赤い色素はアントシアンという種類の色素が主なものです。葉っぱにある色素なので、何となく光合成色素であると思いがちですが、実際には、光合成とは直接の関係のない色素です。クロロフィルや、やはり光合成色素であるカロテノイドは葉緑体のチラコイド膜中のタンパク質と結合しているのですが、アントシアンは細胞の液胞に存在します。秋になって葉が黄色くなる黄葉では、クロロフィルが分解されていく一方で黄色い色素であるカロテノイドは比較的分解されにくいため、結果として葉が黄色くなっていきます。葉が赤くなる紅葉の場合は、秋にアントシアンが新たに合成されます。モミジなどの葉の赤くなり具合をよく観察すると、葉は緑から、まずは濁ったような汚い赤色に変化し、やがてきれいな赤になります。

この時に葉の光合成を測定すると、濁ったような色の時はまだ光合成をしているのですが、きれいな赤になるとほとんど光合成をしないことがわかります。おそらく、アントシアンが合成される一方でクロロフィルがまだ分解されない状態では赤と緑が混ざって汚い色になり、そこからさらにクロロフィルが分解されていくと赤だけが残って鮮やかな色になるのでしょう。そして、光合成は、赤い色素があるかどうかにはよらず、クロロフィルがあれば光合成をし、なければ光合成はできない、ということになります。それでは、なぜ光合成には役に立たない赤い色素を葉が落ちる間際になってわざわざ合成するのかということですが、これについてはまだ確固たる説がありません。一般に、ストレスを受けた葉でアントシアンが合成される例がよくあります。余計な光を吸収して、強すぎる光による障害を防ぐためなのかもしれません。アントシアンは紫外線も吸収するので、ストレス条件において紫外線の害を避けるため、という考え方もできます。ただ、いずれも仮説の域を出ない状態です。

3　色素と光の吸収

さて、実際に葉の中で光を吸収する分子がクロロフィルをはじめとする色素です。色素というのは読んで字のごとしで、色のもとです。色素は可視光の一部を吸収するので、色がついて見えます。では、そもそも分子が光を吸収するというのはどのようなことなのでしょうか。

分子は多くの場合、分子内の電子の状態などによって2つ以上の状態を取ることができます。その複数の状態で持っているエネルギーが異なる場合には、もちろんエネルギーが小さい状態の方が安定です。これを**基底状態**と言います。ここで、この基底状態に2つの状態の差のエネルギーを与えてやれば（これを励起すると言います）、上のエネルギー状態である励起状態に移ることができます。光はエネルギーの一種ですから、ちょうどよいエネルギーを持つ光が分子に当たれば、その分子は基底状態から励起状態に移り、光を吸収することになります。突然、物理の領域の話になりましたが、言っているのは、単に図3-2のようなことです。

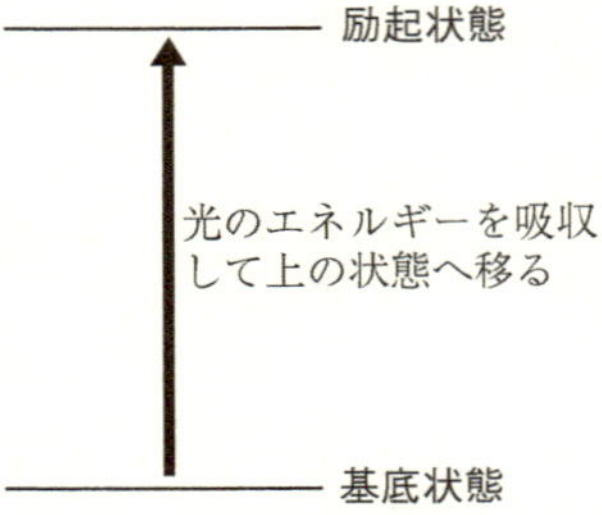

図3-2　光の吸収

異なる色の光は異なるエネルギーを持っています。可視光の中で言うと、「赤い光は波長が長くエネルギーは低い」「紫色の光は波長が短くエネルギーは高い」という関係にあります。つまり、赤橙黄緑青藍紫という虹の七色は、持っているエネルギーの違い（これは光の波長の違いに相当します）を反映しているのです。これは可視光だけではありません。紫外線は「紫の外」という名前のとおり、紫色の光よりさらに波長が短く、エネルギーは可視光よりも高くなります。逆に赤外線は赤い光よりさらに波長が長く、エネルギーは低くなります。

ここで、もしかしたら「赤外線というのは、むしろ普通の光に比べて暖かいイメージがあるのに、エネルギーが低いというのは変だぞ」と思う人もいるかもしれません。このイメージのギャップの原因は、光の「吸収されなければ働かない」という性質にあるのです。人間は、体の7割ほどが水であると言われています。つまり、人間の体を物理的に眺めた時のもっとも粗っぽい見方（数学や物理の世界ではこれを偉そうに「一次近似」と呼びます）は、「水の入った袋」ということになります。水というのは可視光をあまり吸収しませんが、赤外線は吸収します。吸収された赤外線のエネルギーは、特に何に使われるわけでもありませんから、そのまま熱となって人間には暖かく感じることになるわけです。一方で、可視光は水に吸収されずに反射されたり透過したりするので、少なくとも「目に見える割には暖かくない」ということになります。もちろん可視光であっても、吸収すれば熱になります。黒っぽい服を着ていると暖かいというのも、可視光を吸収しやすい色の服を着ていれば、吸収したエネルギーが熱になるということを示しています。光の場合、照射されたエネルギーが問題なのではなく、「吸収されたエネルギーが重要である」ということなのです。「のれんに腕押し」という言葉がありますが、光であっても、相手の物質にかまってもらえなければエネルギーを与えようがない、ということです。

さて話を元に戻しますと、基底状態と励起状態のエネルギーの差が照射された光のエネルギーと一致すると、光の吸収が起こります。例えば、ある分子の基底状態と励起状態のエネルギーの差が緑色の光のエネルギーに相当していれば、その分子は緑色の光を吸収することになります。ここで、当たり前なのですが、緑色の光を吸収する色素は緑色には見えないことに注意してください。色素が光を吸収する場合には、吸収された以外の光が人間の目に入ることになります。ですから、緑色の光を吸収する色素は、緑色以外の光を反射したり散乱したり透過したりすることによって赤っぽく見えるはずです。クロロフィルはちょうど逆で、主に赤と青の光を吸収しますから、人間の目には残った緑色の光が入ることになり、結果として植物の葉は緑に見えるのです。人の目を楽しませる植物の緑は、植物が利用できなかった残り滓《かす》の光ということになります。

ただ、ここでもう一つ注意しておかなくてはいけないことがあります。クロロフィルがあまり緑色の光を吸収しないということが、葉が緑色の光を利用できないということを意味しない、という点です。クロロフィルが緑色の光を吸収しにくいことは確かなのですが、それはあくまで吸収する効率が悪いというだけです。全く吸収しないというわけではありません。光を何度も何度もクロロフィルの層に通してやれば、緑色の光も少しずつ吸収されて、そのうち大部分の光が吸収されてしまうでしょう。

実は、これに近いことが葉の中で起こっているのです。前の節で述べましたが、葉の裏側では光が散乱されますから、葉の中を光が何度も何度も跳ね返ることになります。ですから、光が通る道筋は、実際の葉の厚みの何倍にもなります。そうすると、もちろん葉の種類にもよりますが、緑色の光の場合でも葉に入った光の8割程度は吸収されて光合成に使われます。植物を育てようと思った時に、わざわざ緑色の光だけ当てるのは効率が悪いと思いますが、光合成自体は緑色の光でもある程度進むことになります。赤と青の光はほぼ100%使えるのに対して、緑色の光は80%程度になるわけです。一方で、反射される光は吸収された光の残りになりますから、緑色の光がほとんどを占めます。

少しややこしいので、可視光が葉に当たった時を考えて、おさらいをしてみましょう。正しい表現を◯、誤った表現を×、前後の文脈によってどちらとも言える場合を△とすると、

「クロロフィルは緑色の光を吸収する効率が悪い」は◯
「葉は緑色の光を吸収しにくい」は△
「緑色の光は光合成で使うことができない」は×
「葉が吸収せずに反射する光はほとんどが緑色の光である」は◯

ということになるかと思います。ちなみに、人間の目の感度は、緑色の付近でいちばん高くなっています。ただし、これは葉が緑に見える主な原因とは言えないでしょう。

コラム　光のエネルギー

ここで、光というものがどの程度のエネルギーを持っているのかを考えてみましょう。光の振る舞いは波のようにも見え、粒のようにも見えますが、ここでは、粒（つまり光子）として

考えましょう。光子1粒のエネルギーを考えたいところですが、それではあまりにも小さいので、分子を数える時などにも使うモル（mol）という単位で考えることにします。1モルは6.02×10^{23}個（今の場合は光子）という膨大な数ですが、何しろ原子や分子はとても小さいので、例えば1モルの炭素でも重さは12gに過ぎません。さて、1モルの光子が持っているエネルギーはその光の色（波長）によって異なります。波長400nm（ナノメートル＝10億分の1メートル）の青い光だと約300kJ、500nmの緑色の光だと約240kJ、600nmのオレンジ色の光だと約200kJ、700nmの赤い光だと約170kJです。1J（ジュール）というエネルギーは約0・24calにあたります。1L（リットル）の水の温度を1℃上げるのに必要な熱が1kcalですから、1モルの緑色の光が全て1Lの水に吸収されたとすると水の温度は58℃上がることになります。といっても本当は光が吸収されないから水は透明なのですが……。

それはさておき、このような計算も、そもそも1モルの光がどの程度かわからないとピンと来ません。真夏の正午の太陽から降り注ぐ光（今の場合可視光だけを考えます）の量は、1㎡当たり1時間当たりにだいたい7モルといったところです。1㎡の場所に深さが1cmになるように水を広げると10Lになりますが、ここに真夏の直射日光が1時間降り注いですべて吸収されたとすると、緑色の光として計算した場合、水の温度は$58 \times 7/10 \fallingdotseq 41$ですから40℃ぐらいあがる計算になります。だいたい直感的な予想と合うでしょうか。

4　光合成の色素

光合成に使われる色素（光合成色素といいます）には大きく分けてクロロフィル、カロテノイド、フィコビリンがあります。それらの代表的なものの構造を図3-3に示します。クロロフィルは四角にしっぽが生えたような構造、カロテノイドは長い鎖、フィコビリンは五角形が4つつながった構造、とそれぞれだいぶ違います。しかし、実は共通点が1つあります。それは、二重結合と一重結合が交互になっている部分が存在することです。

二重結合と一重結合が交互につながった構造としては、「亀の甲」と呼ばれるベンゼン環が有名ですね。光合成色素でもベンゼン環でもそうであるように、実際には、構造の中でこの部分が二重結合、その隣が一重結合といった具合に決まっているわけではなく、そのような部分は全体としていわば1・5重結合に近くなります。このような結合を共役二重結合と呼びます。そして重要なのは、この共役二重結合が長くつながっている分子では、基底状態と励起状態の間のエネルギーの差は小さくなるという点です。つまり、前節の説明を思い出していただくとわかると思うのですが、より長い共役二重結合を持つ分子は、よりエネルギーの小さい、つまり波長の長い光を吸収することになります。有機化合物は紫外線をある程度吸収しますが、可視光は吸収しな

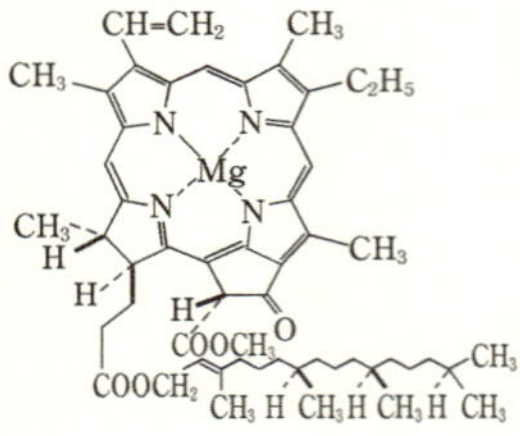

クロロフィル*a*

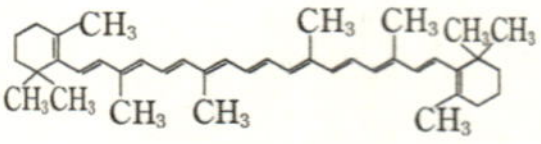

β-カロテン

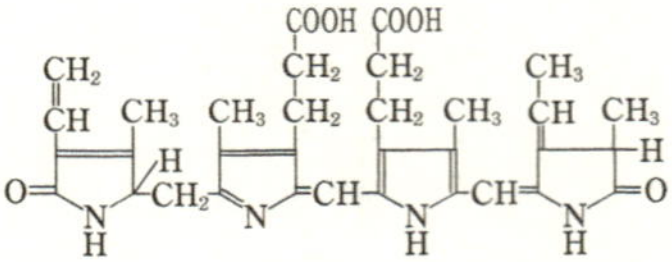

フィコエリスロビリン

図3-3　光合成に使われる代表的な色素

いものが多く、したがって見た目には透明である場合が一般的です。しかし、分子の中に長い共役二重結合があると、吸収する光の波長が長くなって、紫外線だけではなく、可視光まで吸収できるようになります。つまり、光合成に使われる色素がいずれも長い共役二重結合を持つのは偶然ではなく、可視光を吸収するために必要なことだったのです。カロテノイドは構造が比較的単純なので、専門家になると、構造式を見て共役二重結合の数を数えただけで吸収される光の波長を言い当てることさえできます。

　クロロフィル、カロテノイド、フィコビリンには、それぞれ複数の種類があります。クロロフィルには、クロロフィル*a*、*b*、*c*、*d*があり、この他に光合成細菌が持つバクテリオクロロフィル*a*、*b*、*c*、*d*、*e*、*g*があります（構造については第2章2節を参照）。カロテノイドには、α、β、γの3つの種類のカロテンと数多くのキサントフイルがあり、フィコビリンには、フィコエリスリン、フィコシアニン、アロフィコシアニン、フィコエリスロシアニンの4種があります。それぞれの色素は少しずつ違う構造を持ち、異なる光を吸収しますから、種類によって赤、黄、青、緑と様々な色を示し、図3-4のスペクトルを見ていただければわかるように、可視光の範囲のほとんどの波長の光を吸収することができます。

ひとつ面白いのは、草や木、コケやシダなどの陸上植物はクロロフィルもaとbだけで、フィコビリンは持たず、カロテノイドの種類もそれほど多くないのに対し、水の中の藻類は、極めて多様な光合成色素を持つことです。陸上の植物がたいていは緑色なのに対して、水の中の藻類は、アオノリは緑藻、アサクサノリは紅藻、コンブは褐藻と色のついた名前を持っているだけでなく、実際の色もバラエティーに富んでいます。これは、どうも水の中の光環境が様々であることを反映しているようです。陸上ですと、夕焼けの時に日の光が多少赤っぽくなるぐらいで、基本的に光の色が大きく変わることはありません。しかし、水を通る光の色は様々に変化します。裏磐梯の五

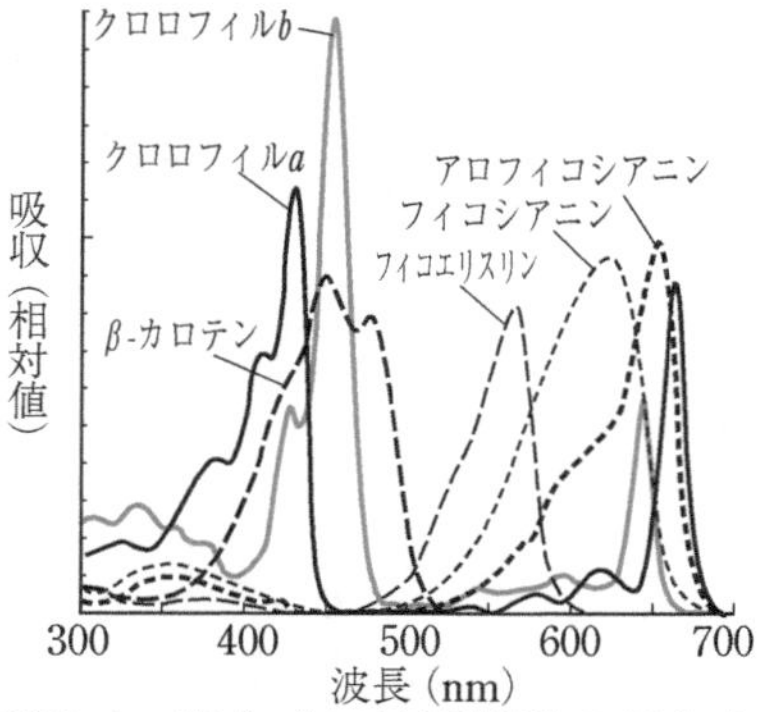

図3-4　光合成には可視光のほとんどの波長を使える
『光合成事典』（巻末リスト参照）の色素吸収データより作図

色沼の水の色は様々な色に見えることで有名ですが、これは周囲の色の反射や湖底の色などの影響も大きく、湖水の吸収だけの問題ではないようです。

実際に水による吸収や散乱によって、水の中の光環境が変化する場合もたくさんあります。例えば、外洋の非常にきれいな海水の中を光が通っていくと海水中の物質によって黄色から赤の光が吸収され、結果として水の中は青い世界になります。ところが海の水はいつも青かというと、植物プランクトンなどが多い内海になると少し変わります。植物プランクトンは光合成をするためにクロロフィルを持っていますから、葉の場合と同じように赤と青の光が吸収されて、緑色の光が残ります。お堀や池などの水が緑色に見えるのが典型的な例です。さらに、汚い池などでは水の中は赤みがかった色の世界になります。これは先に述べた、散乱は短波長の光ほど強くなる、という光の性質によります（厳密に言えば、散乱の波長依存性は粒子の大きさによって異なります）。ですから、細かい粒子がたくさん浮遊しているような池では、青い光から散乱されて、最後には赤い光だけが残るのです。

このように、水の中では様々な色の世界が実現し得るのです。おそらくは、そのような環境の多様な光の色に適応して、藻類においてはいろいろな光合成色素が進化したのでしょう。ちなみに、光の色を見分けるということは動物の視覚においても重要ですが、色覚を担う視物質の遺伝子は、脊椎動物の中で魚類のものが最も多様であることが知られています。これも、水の中の多様な光環境を反映しているのかもしれません。

魚の話が出たついでに少し脱線を……。深海魚には暗い深海で自ら光を発して餌を探すものがいます。チョウチンアンコウの仲間の *Malacosteus niger* という魚は、一種の赤外線照射装置と赤外線検出器を持っていて、それを使って餌を探します。この赤外線検出器において働いている赤外線吸収色素を調べたところ、クロロフィルとよく似た構造を持っていることがわかり、1998年に「Nature」という科学雑誌に「深海魚はクロロフィルを使って見ている」という題名の論文が載りました。36ページの図2-2に他のクロロフィルと一緒にその構造を示しておきました。構造からすると、クロロフィルというにはやや強引な気がしますが、確かにクロロフィルと同じ四角い構造をしています。動物にもクロロフィルを持つものがいた、というのは話としては面白いですね。

コラム 光合成色素の起源

深海には光が届きませんから、光合成をする生物はいないと思うのが常識です。ところが最近、深海の熱水噴出口の周りで、α-プロテオバクテリアの仲間だと思われる生物が見つかり、*Citromicrobium bathyomarinum* という学名が付けられました。α-プロテオバクテリアはミトコンドリアの起源となった細菌などを含む細菌の仲間で、光合成細菌の多くもこれに含まれます。光合成細菌はクロロフィルと似ていて近赤外線（赤外線の中では比較的波長の短い光）を吸収するバクテリオクロロフィルという色素を使って光合成をする生物ですが、この *Citromicrobium* もバクテリオクロロフィル *a* と思われる色素を持っていました。しかし、光がなければ色素を持っていてもしょうがないはずですが、何か理由があるのでしょうか？

今考えられているのは、温められた物質が放射する赤外線です。熱水噴出口近くの温度は400℃にも達しますから、あたりには、弱いながらも赤外線が放射されているはずです。この赤外線自体は、広い範囲の波長の光を含みますが、水自体に赤外線を吸収する性質があるためその部分の波長が削られて、周囲には800〜950nmと1000〜1050nmの2ヵ所にピークを持つ近赤外線が放射されることになります。これはちょうどバクテリオクロロフィル *a* という色素とバクテリオクロロフィル *b* という色素が、生体内で大きな吸収を持つ波長領域とだいたい一致するのです。この光合成細菌がその弱い赤外線だけをエネルギー源にしているかどうかよくわかっていませんが、赤外線を遠くから感知することによって、もしかしたらあまり近づきすぎてゆだってしまわないようにするためのセンサーとして色素を使っている可能性もあります。元々は、このようにセンサーとして使われていた色素が、やがて光合成色素に使われるように進化した可能性もあるでしょう。光合成の起源は深海にあるのかもしれません。

5　アンテナと反応中心クロロフィル

クロロフィルが1分子あれば、光のエネルギーを吸収することができますが、それを生物が使える形のエネルギーに変換するためには、**光化学系クロロフィルタンパク質複合体**と呼ばれる大がかりな装置が必要です。この複合体の細かい仕組みは次の章で説明します。いま考えてみたいのは、1つの複合体に対してクロロフィルをいくつくっつけるか、という問題です。

いちばん簡単なのは、複合体1つごとにクロロフィル1分子を貼り付けることです。しかし、光というのはこの章の最初にも述べましたように「薄い」ので、全体としてたくさんのクロロフィルが並んでいても、全てのクロロフィルが同時に光を吸収するわけではありません。光を吸収しなかったクロロフィルに対応している複合体は遊んでいることになってしまいます。これは、複合体が多くのタンパク質からなる複雑な装置であることを考えると、極めて不経済です。そこで実際には、1つの複合体には100分子以上のクロロフィルが結合するようになっています。その中のどれかのクロロフィルが光を吸収した場合、そのエネルギーは隣のクロロフィルに渡され、さらにその隣に、といった具合に巡りめぐっていきます。そして複合体の中で中心的な役割を果たす特別なクロロフィルである**反応中心クロロフィル**に渡されると、光エネルギーを生物が使える形に変える反応が開始します。ただし、クロロフィルの間を渡されるのは物質ではなくエネルギーなので「巡りめぐって」といっても、かかる時間はピコ秒（p：1ピコは10^{-12}）の時間範囲です。光を吸収するのは、別にクロロフィルである必要はなく、他の光合成色素でもかまいません。このように、数多くの光合成色素が集まって光を吸収する役割を果たすものを、アンテナ（集光装置）と呼びます。テレビやラジオのアンテナが電波を受けるのと同じに考えるわけです。

アンテナとしてはいろいろな光合成色素が働きうるのに対して、反応中心クロロフィルを構成するのは、高等植物であればクロロフィル a（厳密に言えば、クロロフィル a とその異性体であるクロロフィル a'）だけです。このため、クロロフィル a 以外の光合成色素を補助色素と呼んでいたこともあります。アンテナとして反応中心クロロフィルを助ける色素、という意味です。しかし実際には、クロロフィル a にしてもその大部分はアンテナとして働くことが明らかとなったので、現在ではクロロフィルの種類によって分類するのではなく、どのような働きを持っているかで分類するようになっています。したがって同じクロロフィル a でも、アンテナ（集光性）クロロフィルと反応中心クロロフィルに分けられることになります。

6　アンテナの構造

実は、アンテナというのは、光合成生物の中でいちばん多様性のある部分です。光エネルギー変換を担う反応中心クロロフィルとその近くの部分（これを**反応中心複合体**と呼びます）は重要なだけに、どの生物でも似たような構造をしているのですが、アンテナの部分は生物の種類によって全く異なります。その多様性の一環を少し見てみましょう。

A　クロロソーム

光合成細菌の中の緑色イオウ細菌と呼ばれる仲間は、クロロソームという巨大な構造物をアンテナとして使っています。このクロロソームは一言で言えば、バクテリオクロロフィルの固まりを袋に入れたような構造をしています。通常、光合成色素というものはタンパク質と結合した状態で存在しています。これは、吸収したエネルギーの行き場をきちんとタンパク質によって制御しておかないと、そのエネルギーが生物にとって困る反応、例えば色素を破壊する反応やタンパク質の働きを止める反応に使われてしまうためです。クロロソームの場合は、数百個から1000個という数のバクテリオクロロフィルがタンパク質に結合せずに規則正しく袋の中に並んでいます。ただただ色素を積み重ねただけとも見えるこのアンテナは、おそらく光が非常に弱い環境に適応した起源の古いアンテナだと考えられています。

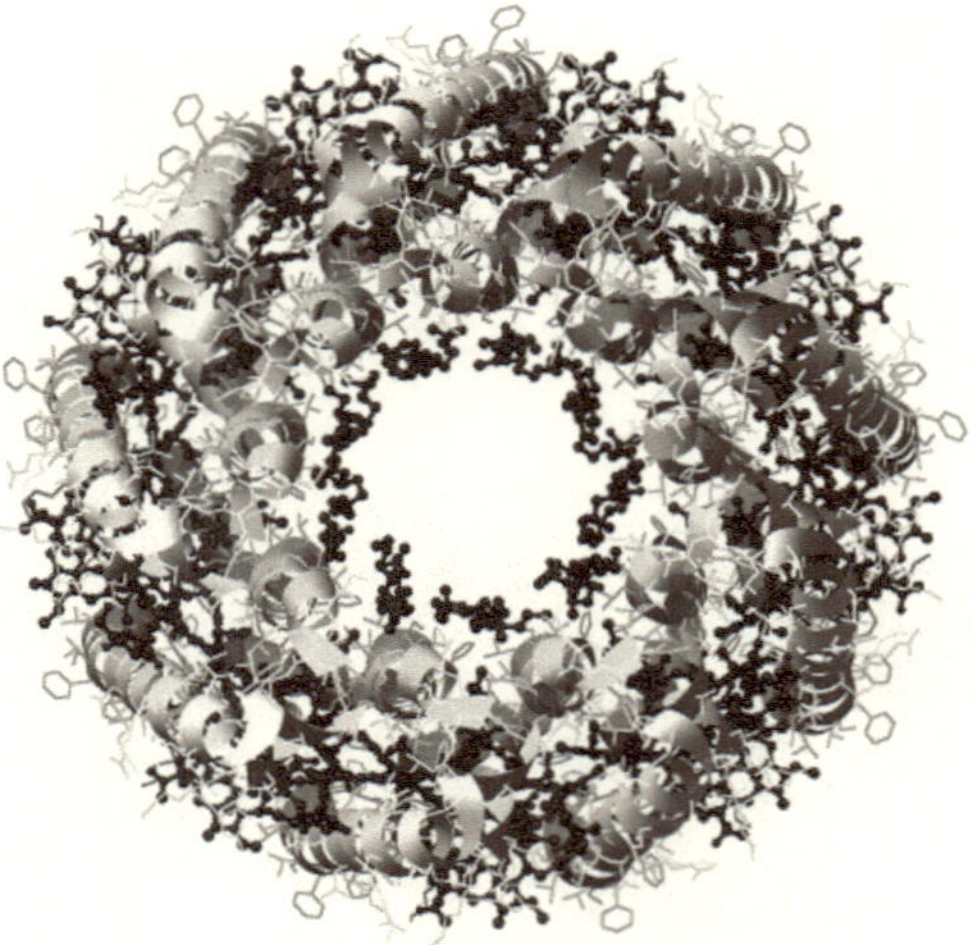

図3-5　LH2のアンテナの構造

B　LH1とLH2

同じ光合成細菌でも紅色光合成細菌のLH1、LH2と名付けられているアンテナは、膨大なクロロソームとは対極にあるといってもよい、単純かつ美しい構造をしています。リング状の構造を取るタンパク質に規則正しくバクテリオクロロフィルが配置されていま す（図3-5）。このようなリング状構造を取る複合体は、頻繁に見られるものではありませんが、ある1点を基準に対称の位置にいろいろな成分が配置されるという構造は、反応中心も含めて様々な複合体で見られます。

C　フィコビリソーム

次に、シアノバクテリアや紅藻のアンテナであるフィコビリソームを見てみましょう

（図3-6）。フィコビリソームは膜に埋まった反応中心複合体の上に覆い被さるように配置されているアンテナです。その構造は極めて特徴的で、典型的なフィコビリソームはコア（「中核」の意味）と呼ばれる中心部分と、そこから外側に角が突き出たようなロッド（「棒」の意味）と呼ばれる構造からなっています。コアの部分はこの章の4節で触れたフィコビリンの一種アロフィコシアニンから、ロッドの部分はフィコシアニンからそれぞれなっており、シアノバクテリアの種類によってはさらにフィコエリスリンも含まれます。ロッドとコアの間やロッドの中のフィコシアニン同士、もしくはフィコシアニンとフィコエリスリンの間は、リンカー（「つなぎ手」の意味）と呼ばれるタンパク質によってつながれています。

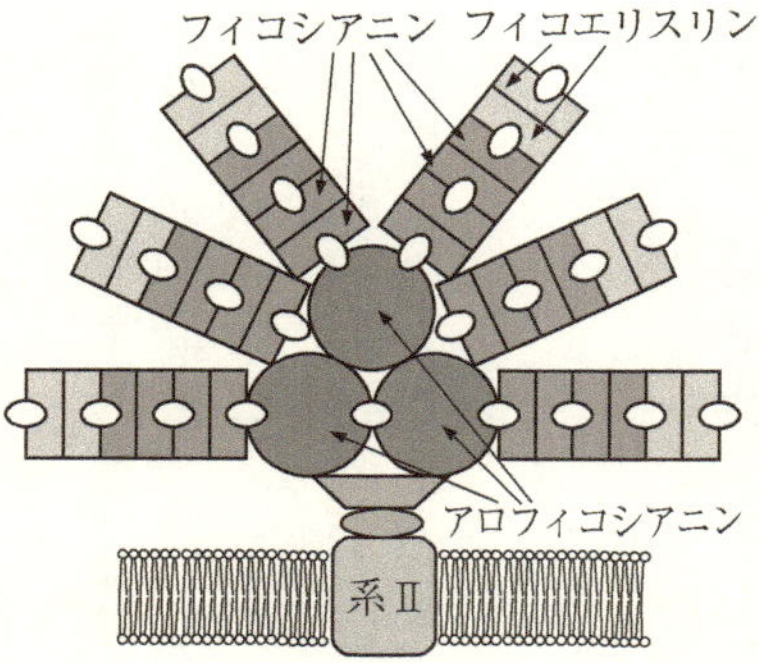

図3-6　フィコビリソームの構造

面白いのは、フィコシアニンとフィコエリスリンを含むタイプのフィコビリソームの場合、必ずフィコシアニンが中心側に配置され、フィコエリスリンが外側に配置されることです。つまり、フィコビリンの配置は、外からフィコエリスリン、フィコシアニン、アロフィコシアニンの順番になります。ここで光合成色素の吸収スペクトルを見ると、3種類のフィコビリンの吸収のピーク位置は、フィコエリスリン、フィコシアニン、アロフィコシアニンの順番に長波長側に移っていきます。波長が長い、ということはエネルギーが低いということですから、フィコビリソームでは外側から中心に向けてエネルギーの高い光を吸収する色素からエネルギーの低い光を吸収する色素へ、という順番で色素が並んでいることになります。さらに、フィコビリソームは中心の部分で膜に埋め込まれた反応中心複合体に接しています。クロロフィルの吸収帯は、アロフィコシアニンよりもさらに長波長側にありますから、そこでも色素は吸収する光の波長の順番に並んでいることになります。

一般にエネルギーは、吸収する光のエネルギーの高い色素から低い色素へと渡されます。しかし逆は難しいので、フィコビリソームでは、外側から中心へそして反応中心複合体へと、エネルギーは一方通行で流れることになります。「いろいろな色の色素を持つということは、いろいろな波長の光を利用できる」ということです。光合成生物にとっては有利なわけですが、一方で、エネルギーの順番にきちんと配置しないと吸収したエネルギーが無駄になってしまいます。その点、フィコビリソームは極めてよくできたアンテナであると言えるでしょう。このフィコビリソームは、第8章で述べる光環境応答にも大きな役割を果たします。

D　LHCⅠとLHCⅡ

次に、高等植物のアンテナを見てみましょう。高等植物のアンテナはクロロフィル *a* とクロロフィル *b* が結合しています。高等植物は2種類の反応中心複合体を持っていて、光化学系Ⅰ、光化学系Ⅱと呼ばれていますが、光化学系Ⅰの反応中心複合体に結合するアンテナがLHCⅠであり、光化学系Ⅱの反応中心複合体に結合するアンテナがLHCⅡです。B項で述べた光合成細菌のLH1、LH2と紛らわしいのですが、全く別のものです。

LHCⅠもLHCⅡも、チラコイド膜中でタンパク質にクロロフィルが結合したクロロフィルタンパク質複合体として存在します。LHCⅡは1分子のタンパク質にクロロフィル *a* が8個、クロロフィル *b* が7個結合しており、クロロフィル *b* が比較的多いのが特徴です。反応中心複合体は、基本的にクロロフィル *a* のみを結合していますから、LHCⅡの量が変わると、葉の中のクロロフィル *a* と *b* の数の比（クロロフィル *a*/*b* 比と言います）が変化します。LHCⅡの量の変化、およびその存在状態の変化は、植物が光環境に対して応答する場合の典型的な変化で、詳しくは第8章で述べることになります。一方、LHCⅠは、クロロフィル *b* を含むもののその割合は *a* の4分の1程度です。また多くの場合、光環境が変化しても、LHCⅠの量はほとんど変化しません。

クロロフィル *a* とクロロフィル *b* の赤い光の領域の吸収スペクトルを比べると、クロロフィル

aの方がより長波長側に吸収を持ちます。このことは、クロロフィルbの方がより高いエネルギーの光を吸収することを意味します。フィコビリソームでの光エネルギーの移動を思い出していただけるとわかると思いますが、アンテナの中の色素は、エネルギーの高い光を吸収する色素から低い光を吸収する色素へと並ぶはずです。ＬＨＣⅠやＬＨＣⅡにはクロロフィルbが含まれていて、反応中心複合体にはクロロフィルaだけが含まれているのも、この法則に当てはまっていることがわかります。

第4章　エネルギー変換

1　呼吸

アンテナで光を集めた後は、そのエネルギーを生物が使える形に変えるわけですが、その具体的な機構を見る前に、動物が呼吸によってエネルギーを得る仕組みを見ておきましょう。なぜかと言うと、光合成においてエネルギーを得る仕組みは、呼吸においてエネルギーを得る仕組みと基本的に共通な部分を持っているからです。**呼吸に光変換ユニットをくっつけたもの**が光合成であると言ってもおかしくないぐらいです。

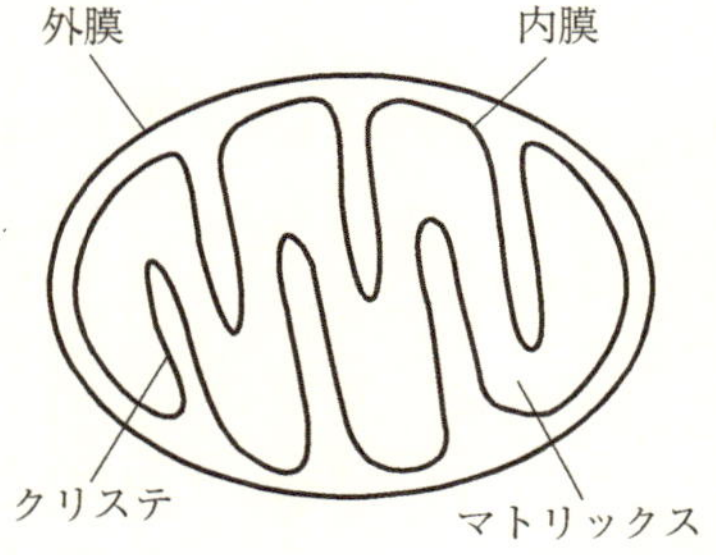

図4-1　二重の膜を持つミトコンドリア

真核生物の呼吸の反応は、**ミトコンドリア**という細胞小器官の中で行われますが、ミトコンドリアは図4-1のように二重の膜に覆われていて、内側の内膜がところどころマトリックスと呼ばれる内部に陥入してクリステと呼ばれる構造を取っています。実際の細胞の中ではミトコンドリアは様々な形を取ることが知られていますが、呼吸の場としての機能を考える場合には、二重の膜構造を持っている、という点が大事です。以下、このミトコンドリアとサイトゾルにおいて、どのようにエネルギーを生み出しているかを見ていきます。

A　解糖系

人が、例えばご飯を食べるとします。ご飯の主成分はデンプンで、このデンプンというのは糖（ブドウ糖。グルコースとも言います）が多数結合したものです。そこで、デンプンからエネルギーを得るためには、まずその構成単位である糖に分解します。デンプンの分解酵素としては唾液に含まれるアミラーゼが有名で、よく教科書などには「だからご飯をよくかむと甘みが出ます」と書いてあります。できた糖は、サイトゾルの中で10段階もの反応を経てピルビン酸という物質に分解されます。この反応系を**解糖系**と言うのですが、一つ面白い特徴を持っています（図4-2）。

反応の最初の段階がATPを2分子使って、糖にリン酸をくっつけるところから始まるのです。ATPというのは、体の中でエネルギー源として使う物質ですから、この段階ではエネルギーを得るどころか、むしろエネルギーを消費してしまうことになります。しかし、その後この糖リン酸化合物をピルビン酸にする過程で、ATPが4分子できるので、最終的には差し引き2分

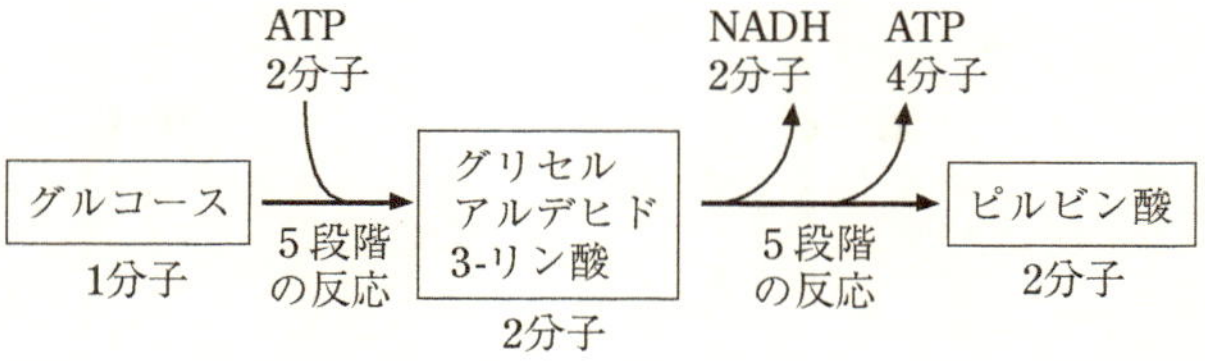

図4-2　解糖系の働き

子のATPを得ることができます。「先に損してあとで得取れ」というところでしょう。

ADP（ATPからリン酸が1個はずれた物質）からATPを作る場合、分子にリン酸が1つ増えるので、ATP合成反応のことをリン酸化という場合があります。解糖系における反応は、酵素と基質（ある酵素の作用を受けて反応する物質）の反応だけでATPが合成されることから、**基質レベルのリン酸化**と呼ばれています。この場合、理論的には必要な酵素と基質を試験管の中で混ぜてもATPができるはずで、この点が後に述べる光合成や呼吸の電子伝達によるATP合成と大きく違う点です。

代謝の反応というのは、いろいろな酵素名やら代謝産物やらの名前がたくさん出てきてうんざりすることがあります。解糖系の反応も、ここに示した図は簡略化していますが、10段階の反応ですから、酵素と基質が10個ずつ関与することになります。ただ、それらの名前を覚えることが重要なのではなく、何がエッセンスなのかを読み取ることが重要です。解糖系の場合、

(1) ＡＴＰを作る
(2) 酵素と基質だけの反応で進む
(3) ＮＡＤＨを作る

という3つがポイントです。最後のポイントはここでは触れませんが、この章の7節で発酵を考える時に重要になります。これからもいろいろな代謝反応が出てきますが、その「意味」を探し当てることができると、面倒くさい代謝も格段に面白くなります。

B　クエン酸回路

解糖系で生じたピルビン酸は、まずアセチルCoAという物質に変換されます。アセチルCoAは炭素を2個含む化合物なのですが、**クエン酸回路**（ＴＣＡ回路、クレブス回路ともいいます）の入り口で、オキサロ酢酸という炭素4個を含む化合物と反応して、炭素6個を含むクエン酸（これが回路の名前の由来ですね）になります。クエン酸はここから7段階の反応を経て再びオキサロ酢酸に戻ります（図4-3）。この間に、2個分の炭素は2分子の二酸化炭素として放出されますが、人の吐く息の中の二酸化炭素は、まさにこの二酸化炭素です。また、同じくこの回路が1周する間に、NADHと$FADH_2$という生体内で**還元力**として使われる物質4分子と、ＡＴＰと

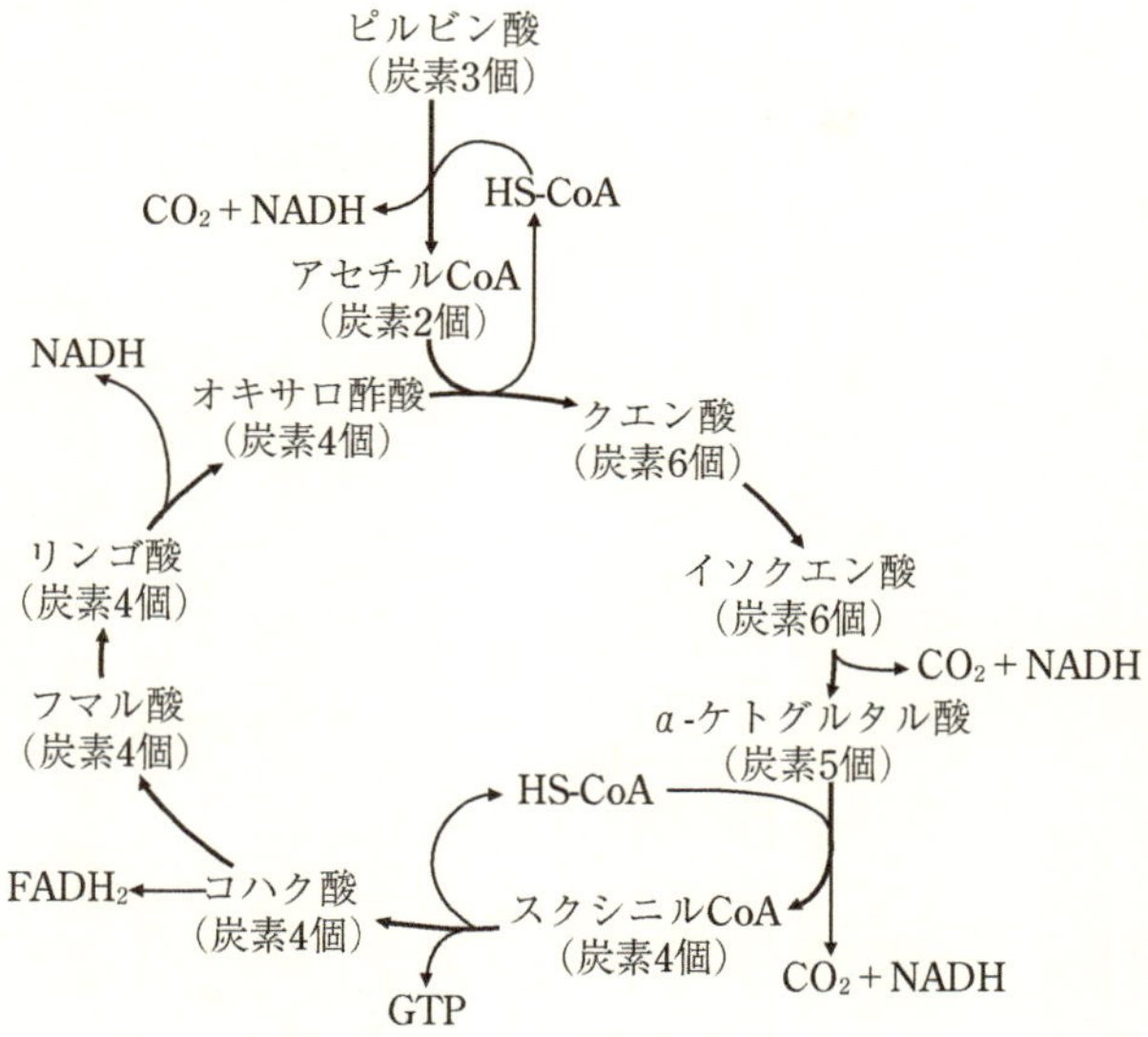

図4-3　クエン酸回路

構造の似たGTPを1分子生成します。GTPは体内でATPに変換することができますから、クエン酸回路で全くエネルギーを得ることができないわけではありませんが、この回路の主な働きは、次のステップである**電子伝達に還元力を供給する**点にあります。

　クエン酸回路がやっていることは、最終的な物質の収支を見ると、回路を1周する間にアセチルCoAという炭素2個を含む物質を酸化して、2分子の二酸化炭素に変え、その過程で還元力として利用できるNADHを作る、ということです。しかし、それだけならば、わざわざアセチルCoAをオキサロ酢酸とくっつけてクエン酸を作るなど

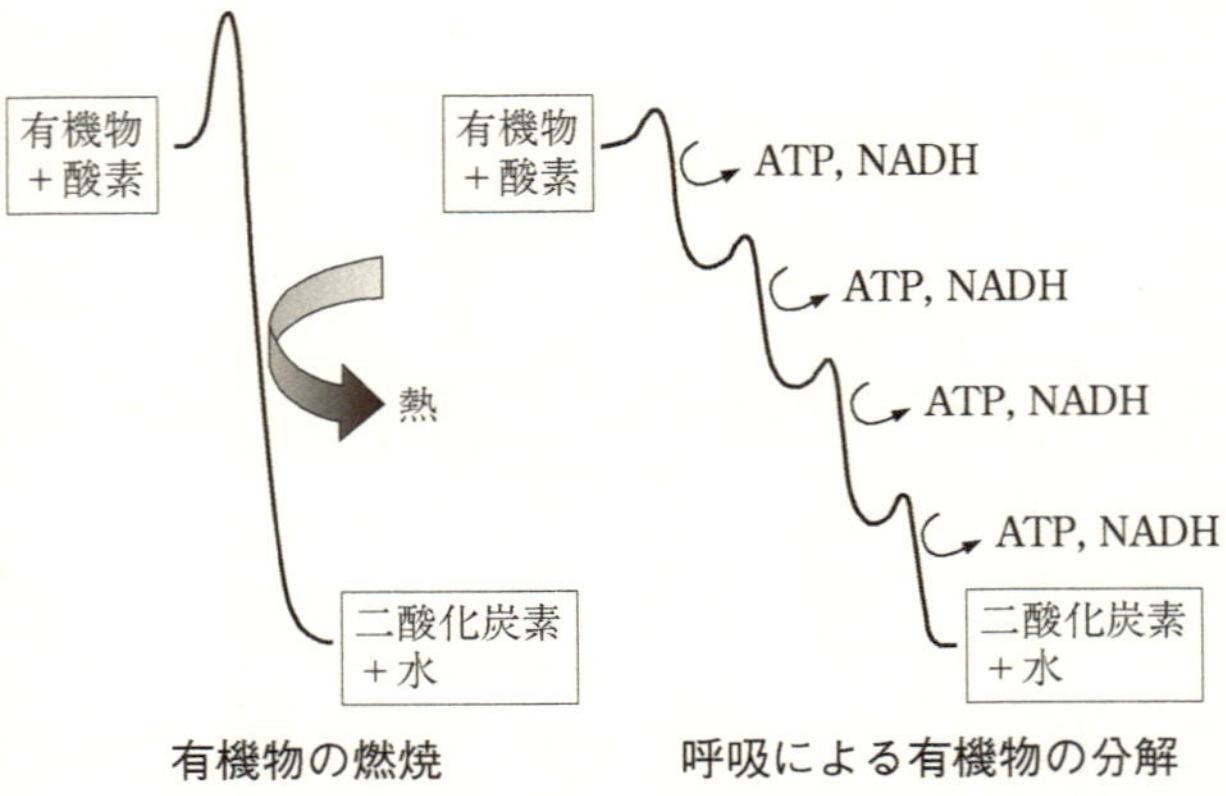

図4-4　呼吸と燃焼の違い

という手間をかける必要はないように思います。単に、アセチルCoAと酸素を反応させれば済みそうです。しかし、これには立派なわけがあります。炭素化合物が酸化するという面だけを見ると、クエン酸回路で起こっていることと、ものの燃焼の間には大きな差はありません。しかし、クエン酸回路では酸化の際のエネルギーがNADHという利用可能な形で残るのに対して、燃焼の場合はエネルギーは熱として放出されてしまいます。燃焼においては、一度のステップで全てのエネルギーが放出されてしまいますが、クエン酸回路では回路を1周するのに8段階の反応が関与していて（図4-3）、そのうちの4段階でNADHなどの還元力を持つ分子ができるようになっています。つまり、反応のステップを細かく分けることにより、反応時に放出されるエネルギーを少しずつ利用可能な状態に保存しているのです

(図4-4)。

しかし8段階の反応が回路を作るためには、その間に少しずつ異なる8種類の化合物が必要です。しかも、それらの化合物はお互いに間を結ぶ反応によって変換しうるものでなくてはいけませんから、どのような構造でもよい、というわけにはいきません。それを、例えば炭素2個の化合物で実現しようと思っても、単純な化合物ではその構造の多様性にも限りがありますから、なかなかうまくいくものではありません。そこで、わざわざ一度炭素4個のオキサロ酢酸にくっつけて、炭素6個の化合物にしてから回路を回すのです。炭素6個の化合物であれば、炭素2個の化合物に比べて、その構造の多様性は飛躍的に大きくなりますから、クエン酸回路の8段階の反応の間をつなぐ8個の適切な化合物を選ぶことが可能になるのです。

生物の代謝の反応の中には、学生を試験で苦しめるために必要以上に複雑になっているのではないかと勘ぐりたくなるような回路がよく出てきますが、その複雑さの陰にはきちんとした必要性があるのです。このクエン酸回路のエッセンスは、

(1)NADHを作る
(2)酸化反応を細かく分けて効率よくエネルギーを取り出している

という2点でしょう。

C　酸化と還元

さて、前記のクエン酸回路では、ＡＴＰそのものは結局1分子も作られません（ただし、植物の場合はＧＴＰの代わりにＡＴＰが1分子作られます）。代わりに作られたのは、ＮＡＤＨという還元力を持つ物質です。ＮＡＤＨはいわば還元剤ですから、空気中にある酸素と酸化還元反応を起こせばエネルギーが放出されます。

さて、ここから酸化還元の反応の話をしなくてはならないので、ＮＡＤＨからエネルギーを取り出す具体的な内容は次の項に譲って、ここでは、まず酸化と還元の基本的な知識をおさらいしておきましょう。この項は化学の領域の話になるので、苦手な人は以下を飛ばして次の項に行ってもかまいません。その場合、**「電子（還元する力）は酸化還元電位という数値が低い物質から高い物質へと流れる」**とだけ覚えておいてください。

酸化還元反応を最初に学校で習う時には、「酸素と結びつく反応を酸化、酸素が除かれる反応を還元」と覚えます。その後、高校ぐらいになると、「実は水素が取り除かれる反応も酸化で、同様に水素と結びつく反応は還元である」と少し意味が広がります。さらに大学になると、「電子を放出する反応は酸化であり、電子を受け取る反応は還元である」と一般化されます。酸素とくっつく、水素が取れる、という話は直感的にイメージがしやすいのですが、最後の電子云々というところはどうも意味がつかみにくいので、ちょっと詳しく見てみます。

水素というのは、原子の構造を見ると極めて単純で、陽子（プロトン）1個からなる原子核の周りを1個の電子が回っている、というのが基本的なイメージです。したがって水素から電子が取れた水素イオンというのは、プロトンであるとも言えます。とすれば、水素がくっつく還元反応というのは、電子とプロトンがくっつく反応である、という言い方ができます。

ここで、「還元」という反応にとって、水素の中の電子とプロトンのどちらが本質的かと考えると、答えは電子の方なのです。例えば、アンモニア（NH_3）が水に溶けるとプロトン（H^+）がくっついてアンモニウムイオン（NH_4^+）ができます。しかし、これは単にイオンになっただけで酸化還元反応ではありません。一方で、三価の鉄イオン（Fe^{3+}）に電子（e^-）がくっついて二価の鉄イオン（Fe^{2+}）になる反応は、還元反応です。つまり、水素がくっつくのが還元反応である、というのは、実際は水素の中には電子が含まれていることによるのです……と、説明されて納得してしまった人はまだまだ修行が足りません。なぜかと言えば、酸素にだって電子は含まれているはずですから、これだけだったら、酸素がくっつく反応も還元反応になってしまうからです。では酸素と水素のどこが違うかと言えば、これがまさに「電子をどれだけ放出しやすいか」という点なのです。

水素は、電子を放出してプロトンになることができます。これに対して、電子を受け取る反応は格段に起きにくい反応です。一方、酸素は電子を受け取る反応を起こしやすいのですが、電子を与える反応は起こしにくいという性質を持ちます。単純に水素分子（H_2）と酸素分子（O_2）の間の反応を考えた場合、結果として生じた水（H_2O）では分子の中で電子は、いわば水素側から酸素側に「寄った」形になっていて、元の水素分子や酸素分子から比べるとより安定したエネルギー状態に変化し、その反応の過程でエネルギーが放出されるわけです。しかし、安定であるように見える水も、水素よりさらに電子を放出しやすい金属ナトリウム（Na）と反応させると、水素と酸素の化合物よりもナトリウムと酸素の間の化合物の方がより安定であるため、水素を放出して水酸化ナトリウム（NaOH）を生じます。つまり、**酸化と還元というのは相対的なもの**であって、絶対的な酸化剤や還元剤というものは存在しないということですね。この場合、元の水から水酸化ナトリウムに変化した反応では水から水素がはずれているので、水は酸化されたことになるはずですが、実際には、この場合水素よりもさらに「還元力」が強いナトリウムに置き換わっているので、この反応は酸化とは呼びません。つまり、酸化と還元を最初に習う時に酸素や水素が出てくるのは、電子を受け取りやすい原子と受け取りにくい原子の代表例としてなので、水素よりも電子を受け取りにくい物質が出てくると破綻してしまうのです。そこで、より一般的に「電子のやり取り」によって酸化還元反応を定義するようにします。

この際、どの程度電子を与えやすいか（還元力の強さ）、どの程度電子を受け取りやすいか（酸化力の強さ）を、**酸化還元電位**という数値によって表します。酸化還元電位をどのように決めるかについては、ここでは触れませんが、「マイナスの方向に数値が大きいと還元力が強く、プラスの方向に数値が大きいと酸化力が強い」というのが酸化還元電位の大まかな性質です。電子のやり取りについて決められる値なので、単位は電圧（電位）と同じボルト（V）になります。実際には、物質固有の標準酸化還元電位、物質の濃度比によって決まる系全体の酸化還元電位、などいろいろの概念があって面白いので、興味のある方は化学の教科書などを覗いてみてください。

酸化還元電位は電子のやり取りについて決められる値なので、亜硝酸イオン（NO_2^-）が硝酸イオン（NO_3^-）になる時と、同じ亜硝酸イオンがアンモニウムイオン（NH_4^+）になる時では当然異なる値になります。ですから、「亜硝酸イオンの酸化還元電位」という言い方は本来おかしいのですが、生体物質で酸化還元の反応がほぼ1種類に限られるような場合、例えば、NADHがNAD^+に酸化される反応のような場合は、その反応の酸化還元電位をNADHの酸化還元電位と呼ぶことにします。この場合、電子のやり取りはどちらの方向にも可能ですから、NAD^+の酸化還元電位と言っても同じです。本来ですと、NADH/NAD^+の反応の酸化還元電位というべきところです。基本的に酸化還元電位の異なる物質のあいだでは酸化還元反応が起こる可能性があり、2つの物質の酸化還元電位の差が大きければ大きいほど、反応の際により多くのエネルギーが放出されることになります。

D 呼吸鎖電子伝達

話を酸化還元から元に戻しましょう。

NADHという還元剤と酸素という酸化剤の間で反応を起こせば、その酸化還元反応によってエネルギーが放出されるはずだ、ということでした。しかし、ここでもクエン酸回路のところで述べたのと同じ問題が生じます。つまり、NADHと酸素が1段階でいっきに直接反応した場合は、一度にエネルギーが放出されてしまい、生物にとって有効に使える形に保存できないのです。そこで、またクエン酸回路の時と同じ戦略を採用します。NADHと酸素との間の酸化還元反応を細かいステップに分けることによって、反応時に放出されるエネルギーを少しずつ利用可能な状態に保存するわけです（図4-5）。

NADHの酸化還元電位と酸素が還元されて水になる時の反応の酸化還元電位は、それぞれ、−0.32 Vと+0.82 Vです。前の項で述べたように、この値がマイナスに大きいほど電子を与えやすい（相手を還元しやすい）わけですから、予想される反応は、電子を出しやすいNADHが電子を受け取りやすい酸素を還元する反応となります。それをいっきに進めずに細かいステップに分けるためには、２つの物質の間を、中間の酸化還元電位を持つ反応でつなげばよいことになります。

酸化還元電位がマイナスに大きい物質から、プラスに大きい物質を順番に並べてやれば、その間をいわば水が低い方へ流れるように電子が流れて、一連の酸化還元反応が連続して起こります。これを**電子伝達反応**と言い、電子伝達反応を起こす場を**電子伝達系**と呼びます。呼吸の反応の中で、この電子伝達系は酸化還元する成分が鎖のようにつながっているので、電子伝達鎖もしくは呼吸鎖という言い方をすることもあります。解糖系やクエン酸回路が、水に溶けた酵素によって進む反応であるのに対して、この電子伝達反応は、ミトコンドリアのクリステと呼ばれる内膜をはさんで起こる反応です。

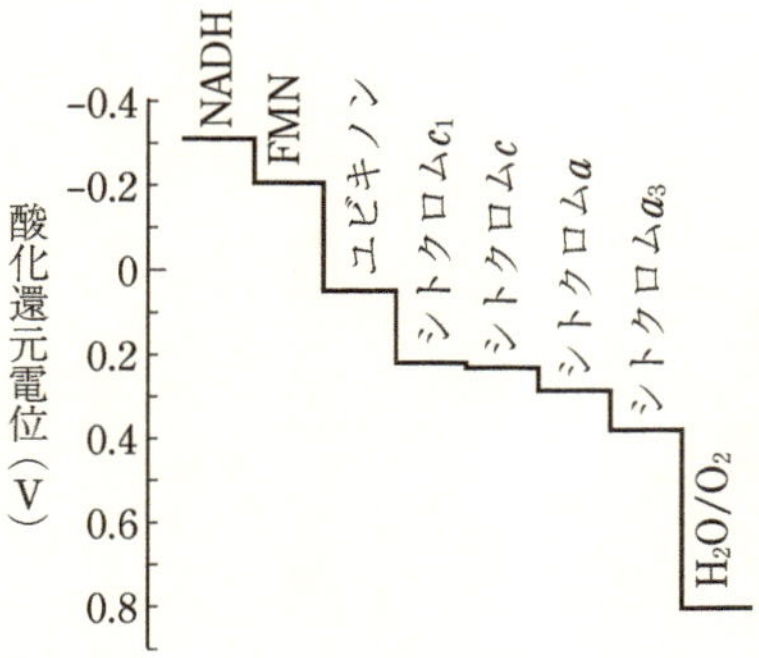

図4-5　呼吸鎖の酸化還元電位

では、具体的な反応を見てみましょう。ミトコンドリアの内膜には、ＮＡＤＨ脱水素酵素複合体、シトクロム b／c_1 複合体、シトクロム c 酸化酵素複合体という3つの大きなタンパク質複合体が埋まっています。

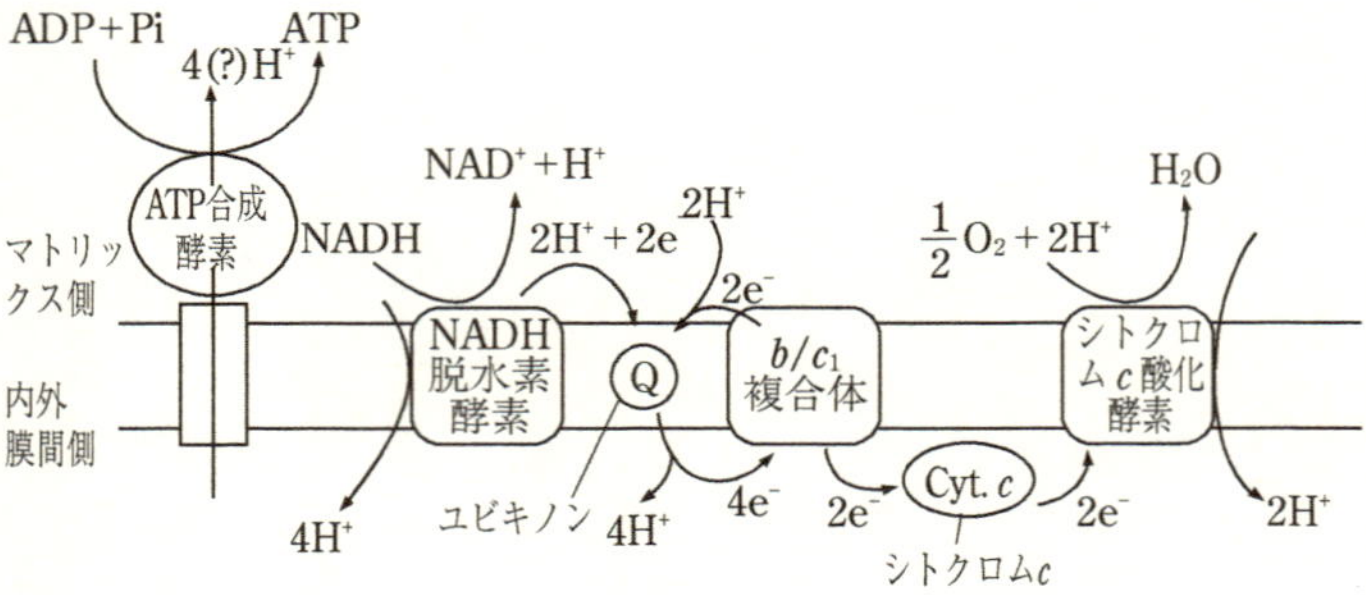

図4-6　呼吸鎖の電子伝達系

ＮＡＤＨ脱水素酵素複合体はＮＡＤＨから電子を受け取って、膜に溶けているユビキノンという物質に電子を渡します。シトクロムb／c_1複合体はユビキノンから電子を受け取って、内膜と細胞膜の間の膜間領域にいるシトクロムcに電子を渡します。最後に、シトクロムc酸化酵素複合体がシトクロムcから電子を受け取って酸素に電子を渡し、酸素は還元されて水になります（図4-6）。と、説明はしたものの、最後は水ができるだけですから、これらの反応自体からはちっともＡＴＰはできません。では、何ができるかというと、この電子の流れの間に**水素イオン（プロトン）が膜を横切ってマトリックス（ミトコンドリアの内膜の内側）から膜間領域に輸送される**のです。これによって、膜を隔てて片側のプロトンの濃度が高くなり、この**濃度勾配**に沿ってプロトンが膜に埋め込まれたＡＴＰ合成酵素中を濃度の低い方へ流れる際に、ＡＴＰが合成されることになります。つまり、水をくみ上げておいて、その水が落ちる力を利用して発電する揚水式発電のようなイメージです。ＡＴＰ合成酵素については、この章の第6節で詳しく紹介することとして、ここでは、解糖系と電子伝達系でのＡＴＰの合成の仕方の違いに注目してみましょう。

解糖系でのＡＴＰ合成は、酵素と基質の反応により行われ、基質レベルのリン酸化と呼ばれることは前に述べました。これに対して呼吸鎖の電子伝達は、ＮＡＤＨの酸化に伴ってＡＴＰが合成されるので、**酸化的リン酸化**と呼ばれます。基質レベルのリン酸化では、全ての反応は溶液中の酵素と基質の反応ですから、基本的に必要な酵素と基質を試験管内で混ぜればＡＴＰができるはずです。酸化的リン酸化の方はどうかと言えば、電子の伝達自体がＡＴＰを生み出すわけではなく、電子伝達によって生じたエネルギーは、いったん膜を隔てたプロトンの濃度の落差という「状態」に変化し、ＡＴＰ合成酵素はこの状態が持つエネルギーを使ってＡＴＰを合成します。ですから、電子伝達をする成分を全て試験管の中に入れても、膜という「構造」がなければＡＴＰは合成されません。しかも、電子の流れを膜に垂直なプロトンの流れに変化させるためには、電子伝達成分が膜の中に適切な位置・向きで配置されていなくてはなりません。このような構造の重要性こそが基質レベルのリン酸化にはない、酸化的リン酸化の特徴なのです。そして、これは、後に述べる光合成でのＡＴＰ合成の特徴でもあります。

呼吸における酸化的リン酸化がどのような機構によって起こっているのかは、長らく謎でした。その解明が遅れた原因の一つは、未知の機構を探し求めていた研究者たちが、酸化的リン酸化でも基質レベルのリン酸化と同じような仕組みでリン酸化が起こっているだろうと信じ、一所懸命にＡＴＰが合成される手前の高エネルギー物質を探し求めていたことにあります。そのような試みが全て失敗していく中で、イギリスのミッチェルという研究者が、そのような高エネルギー物質は存在せず、実際には、プロトン濃度の勾配という高エネルギー状態こそが酸化的リン酸化におけるＡＴＰ合成の鍵である、という説を唱えたのです。この説は、ＡＴＰの合成が化学的なプロトンの輸送と共役しているということから、化学浸透共役と呼ばれます。

このような、「状態」がエネルギーを持つ、という説は極めて斬新で、全ての人がすぐにこの説を受け入れたわけではありません。この説が唱えられたのは１９６０年ころなのですが、筆者が大学に入ってすぐの１９７９年まで使われていた東京大学の生物学資料集でも、まだ「化学浸透仮説」と仮説扱いでした。

この仮説の最初の証明は、呼吸ではなく光合成のＡＴＰ合成に関するものでした。ミッチェルの化学浸透説を国際会議で聞いたアメリカのヤーゲンドルフは、自分の大学へ戻る道筋でそれを証明する実験系を考えました。プロトンの濃度勾配と言いますが、何のことはない、プロトンの濃度というのはpHのことです。ですから、化学浸透説が正しければ、膜を隔ててpHが異なる状態を作ることにより、ＡＴＰを合成することができるはずです。そのために、ヤーゲンドルフは、まず植物から葉緑体を単離し、それをしばらく酸性の液につけました。十分時間をおけば、チラコイド膜の外側も内側も酸性になります。次に、葉緑体を集めてから、それを今度はアルカリ性の液に入れます。そうすると、チラコイド膜の外側はすぐにアルカリ性になりますが、内側はしばらくの間は酸性の状態に保たれます。つまり、膜を隔てて外側はプロトン濃度が低く、内側のプロトン濃度が高い状態を作り出すことができるわけです。当時はATPを感度よく定量する機械などはありませんでしたから、ATPがあるとホタルの抽出物が発光することを使ってATPを検出することにしました。すると、葉緑体をアルカリ性の液に移した時に確かに光が発せられることを確認することができたのです。1962年のことです。説を唱えたミッチェルがノーベル賞を受賞したのに対して、それを証明したヤーゲンドルフはノーベル賞を逃しましたが、このヤーゲンドルフの実験こそが、化学浸透説が正しいことを初めて証明したのです。プロトンが実際にどのように運ばれているかについては、次の節で説明することにします。

2　光合成電子伝達

いよいよ、光合成においてATPを合成する仕組みについて見ることにしましょう。光合成においても、呼吸と同様に電子伝達と共役してプロトンの濃度勾配を作り、それによりATPを合成します。しかし、大きく違うのは、呼吸の場合は解糖系とクエン酸回路によってNADHという還元力が供給されるのに対して、光合成の場合は、そのような還元力となるものがないことです。それどころか、植物は二酸化炭素を固定するために還元力を自ら作り出さなくてはならないのです。

そのため、呼吸鎖の電子伝達ではNADHから出発して酸素へと電子が移動するのに対して、光合成の電子伝達では、逆に水の分解（酸素の発生）から出発してNADPHというNADHにリン酸が1つ余計についた化合物へと電子が移動します。呼吸の場合は、酸化還元電位の順番に電子伝達成分が並んでいますから、最初のNADHさえ供給されれば、その後の電子伝達反応は放っておいても進行します。しかし光合成の場合は、図4-7のように出発点の酸化還元電位はプラスで、終着点の酸化還元電位はマイナスですから、そのままでは電子伝達が起こるはずがありません。ここで、思い出して欲しいのが、第1章で説明した、放っておいたら起こらない反応でもエネルギーを投入すれば進行するという話です。ただ、今回の目的はATPを作ることですから、エネルギーといってもATPを使っては意味がありません。また、その他の物質からエネルギーを取り出すのであれば、呼吸と同じことになってしまいます。当然の話ではあるのですが、光合成の光合成たるゆえんは、**ここで光のエネルギーを使う**点にあります。図で上向きの矢印になっているところが、エネルギーが投入されて酸化還元電位の勾配に逆らって電子が流れる部分です。酸素発生型の光合成では、この矢印が2本あります。つまり、光エネルギーを使う部

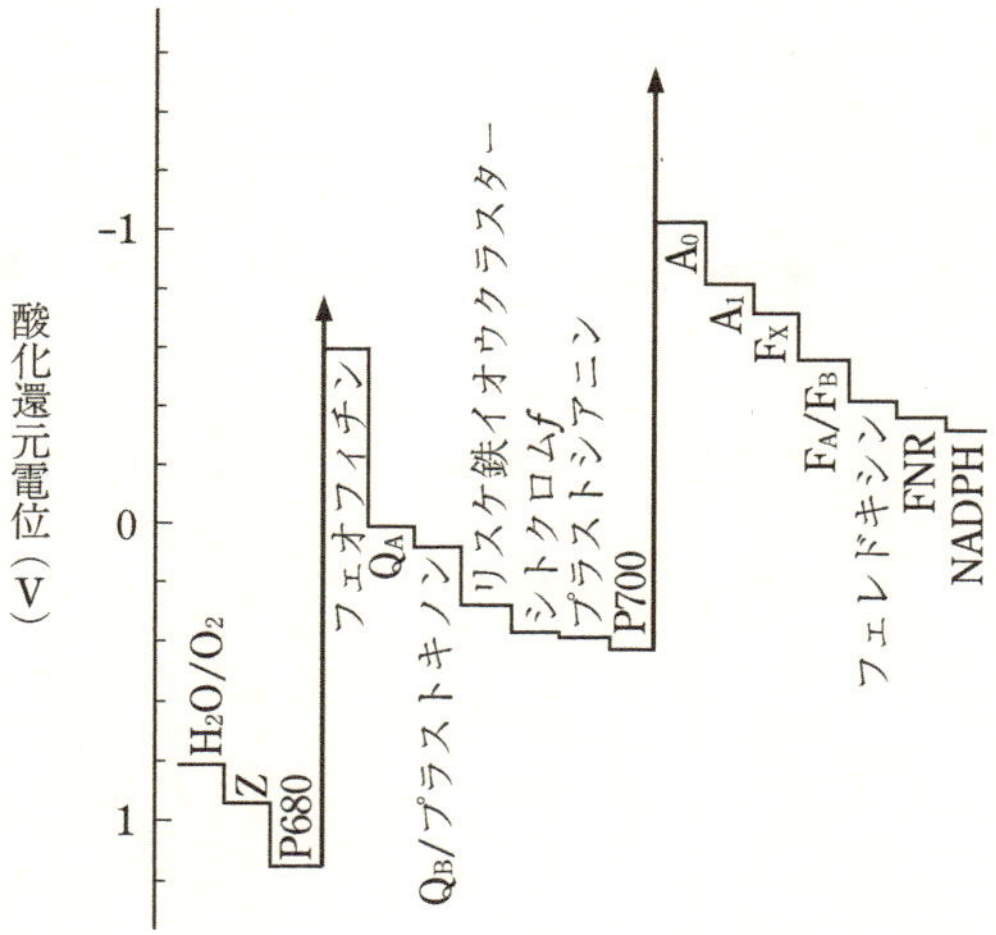

図4-7　光合成の酸化還元電位

分が2ヵ所あることになります。そして、矢印以外のところでは、反応は酸化還元電位がプラスになる方向に階段を下りるように反応が進むことがわかります。

電子の伝達が光によってどのように駆動されるかは次の節に譲り、この節では、まず光合成の電子伝達の全体像を見ていきます。呼吸系での電子伝達の場がミトコンドリアの内膜であったように、光合成系でも電子伝達は葉緑体の内膜であるチラコイド膜において進行します。チラコイド膜の内部をルーメン、外部をストロマと呼びます。チラコイド膜には、電子伝達を行う3つのタンパク質複合体が埋め込まれており、それぞれ、光化学系Ⅱ、シトクロムb_6/f複合体、光化学系Ⅰ、と呼ばれています。光化学系Ⅱは、水から電子を受け取り（水が酸化される）、プラストキノンという物質に電子を渡します。水は酸化されると酸素になるので、ここで酸素が発生することになります。シトクロムb_6/f複合体はプラストキノンから電子を受け取り、シトクロムcまたはプラストシアニンというタンパク質に電子を渡します。最後に光化学系Ⅰはシトクロムcまたはプラストシアニンから電子を受け取り、フェレドキシンおよびFNRというタンパク質を介して$NADP^+$に電子を渡してNADPHを作り、これが細胞の中での還元力として使われるのです。

この電子の流れを、前に説明した呼吸鎖における電子の流れと比較すると、とてもよく似ていることに気がつきます。まず、3つの複合体、そのうちの1つはどちらの電子伝達系においてもシトクロム複合体です。また、水と酸素は共通で、ユビキノンの代わりにプラストキノン、$NADH/NAD^+$の代わりに$NADPH/NADP^+$と、よく似た物質が配置されています。特に、キノンからシトクロム複合体を経てシトクロムc（プラストシアニン）へという部分は、ほとんど同じです。ただ、両側は言わばねじれていて、呼吸鎖ではNADHとキノンがつながっていたのが、光合成では水／酸素がキノンとつながり、代わりに$NADP^+$がシトクロムcから電子を受け取ります。当然、この逆につながった部分、つまり2つの光化学系は、酸化還元電位から予想される方向とは逆方向に電子が流れることになります（図4-8）。これが先ほどの2本の矢印、つまり光のエネルギーが必要な部分です。光エネルギーを利用することにより通常の酸化還元反応

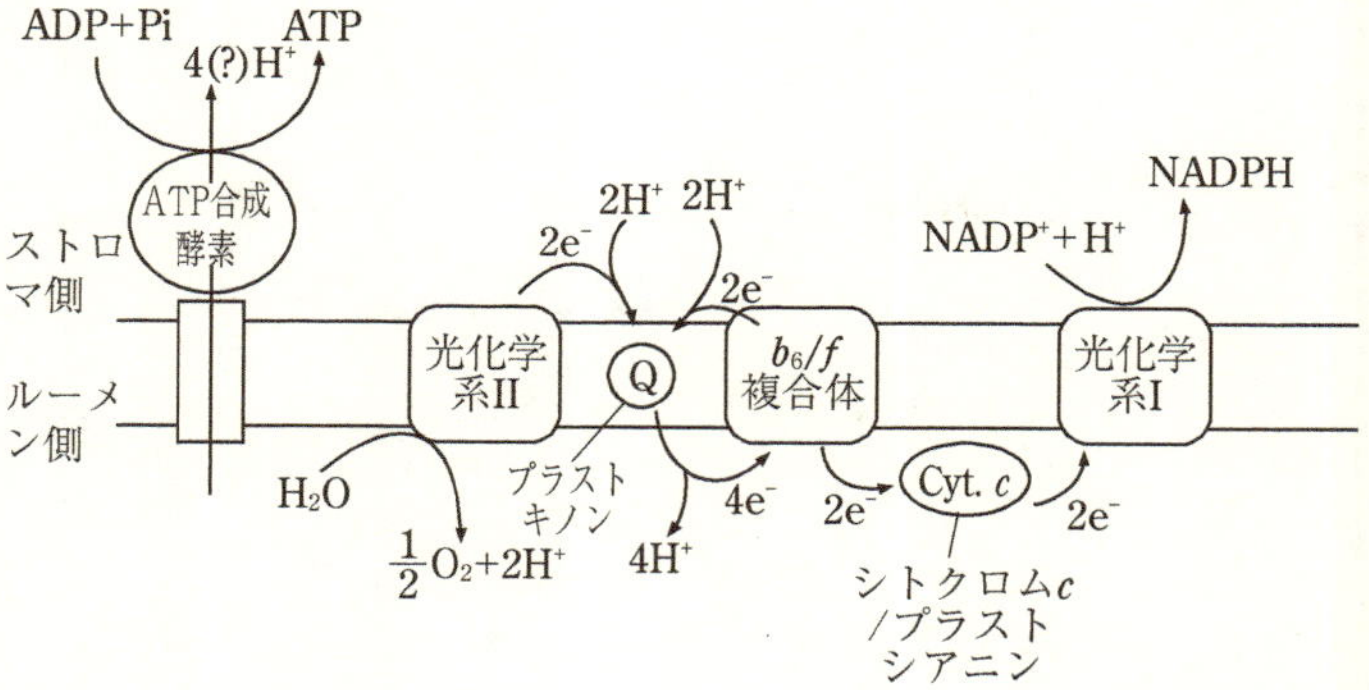

図4-8　光合成の電子伝達系

の方向に逆らって電子を運ぶこの光化学系こそが、光合成反応のエッセンスと言ってよいでしょう。この光エネルギーを電子の流れに変換する部分である光エネルギー変換については、次の第3節と第4節で紹介します。一方、電子の流れをプロトンの濃度勾配に変えてさらにATPを合成する部分については、光合成でも呼吸でもほとんど変わりません。この部分については第5節で説明することになります。

3　光から電子へ

アインシュタインが相対性理論を発表したのは誰でも知っていますし、ノーベル賞学者であることも有名です。しかし、アインシュタインは相対性理論によってノーベル賞を受けたわけではないのはご存じでしょうか。実際には、ノーベル賞の受賞理由は光電効果の理論的解明です。光電効果というのは、物質が光を受けた際に電子を放出する現象のことです。この光電効果と同じように、光のエネルギーが電子の移動を引き起こすのが、光合成における**電荷分離**の反応です。

前の章で説明したように、アンテナで集められた光のエネルギーは、反応中心のクロロフィルに集められます。色素などがエネルギーを持った状態を励起状態と言いますが、この励起された反応中心が、元のエネルギー状態（基底状態）に戻る時に電子を放出するのです。電子は、近くにある電子受容体が受け取ります。ですから、電子受容体は還元される一方、反応中心クロロフィルは基底状態に戻るといっても完全に元の状態に戻るのではなく、電子を失って酸化されることになります。つまり、反応中心クロロフィルをP、励起された反応中心クロロフィルをP^*、電子受容体をAとすると、

$$PA + 光エネルギー \rightarrow P^*A \rightarrow P^+A^-$$

となります。ここで注目して欲しいのは、最初は、単にPAとなっていて、電荷を持っていない状態だったのが、最後には、プラスとマイナスの電荷が出現しています。これが、電荷分離と言われるゆえんです。

ここで生じた電子を使って電子伝達反応を進めたいところなのですが、一つ問題があります。

世の常で、プラスとマイナスは引き合いますから、2つの電荷は黙っていると元の鞘に収まってしまうのです。

$$P^+A^- \rightarrow P^*A \rightarrow PA + エネルギー（たいていは熱、場合によって光）$$

という電荷の再結合が起きるわけです。この場合、分離した電荷が持っていたエネルギーは放出されるのですが、たいていは熱として無駄になり、場合によっては、そのエネルギーによって光合成色素やタンパク質がダメージを受ける場合すらあります。実はこのような電荷の再結合は、太陽電池や人工光合成の試みにおいても重大な問題で、無駄な再結合をいかに避けるかが腕の見せ所となります。

実際の光合成において電荷の再結合を避けるためにとっているのは、「馬の鼻面にニンジンをぶら下げる作戦」とでも呼びたいようなものです。要は、分離したマイナス電荷が反応中心のプラス電荷と再結合するのを避けるためには、より魅力的な行き先を用意してやればよいわけです。そこで、電子受容体を1つだけでなくいくつも置いておいて、電子がそこを順番に流れていくうちに、元に戻れなくなるようにします。

$$P^+A_0^-A_1A_2A_3 \rightarrow P^+A_0A_1^-A_2A_3 \rightarrow P^+A_0A_1A_2^-A_3 \rightarrow P^+A_0A_1A_2A_3^-$$

といった具合です。電子が実際にどの程度の速度で移動するかは、主に、

(1)電子をやり取りする2つの物質の酸化還元電位の差

(2)移動する距離

によって決まります。したがってA_0に電子がいる時に、A_1という電子受容体がA_0のごく近傍にあれば、電子は、Pに戻るより先にA_1に動いてしまいます。同様にして、A_2、A_3を配置しておけば、電子を言わば先へ先へとおびき出すことができます。この際に、電子伝達が自発的に進行するためには、酸化還元電位は順番にプラスの方へ大きくなっていなければなりません。逆に言えば、電子が先に行けば行くほど戻るのは困難になるわけです。このようにして、分離した電荷を再結合させずに電子の流れの出発点として役立てることができるのです。

このような電子の流れの速度は様々ですが、例えば、最初の電荷分離の反応などは、数ピコ秒(10^{-12}秒)程度で起こります。1ピコ秒というのがどの程度の時間かというと、光の速度は秒速30万㎞ですから、その速度を誇る光が0・3㎜しか進めない時間です。一つ注目しておかなくてはいけないのは、このような速い反応は、タンパク質複合体の内部で行われるということです。酸化還元の反応は、水に溶けたタンパク質同士によっても起こりますが、その場合は、いわゆる化学反応速度論によれば2つのタンパク質の濃度の積が反応速度を決めることになります。つま

り、速い反応速度のためには、タンパク質の濃度が非常に高くなくてはならないのです。しかし、それではピコ秒といった速い反応を達成することは不可能なので、複合体の内部にあらかじめ電子伝達成分を、決まった位置、決まった角度に配置しておくわけです。

4　2つの光化学系とシトクロムb_6/f複合体

それでは、実際に光エネルギーによって電子移動を行う光化学系の仕組みはどうなっているのでしょうか。光化学系には、水を分解して酸素を発生する光化学系Ⅱと、プラストシアニンを酸化してＮＡＤＰＨを作る光化学系Ⅰがあります。まずは光化学系Ⅱから見ていきましょう。

A　光化学系Ⅱ

光化学系Ⅱは、第3章で触れたアンテナの部分ＬＨＣⅡを除いても、30種類以上のタンパク質に、40分子以上のクロロフィル、2分子のフェオフィチン（これはクロロフィルの中心にマグネシウムがない色素です）、カロテノイドといった光合成色素、脂質の仲間のプラストキノン、そしてマンガン、カルシウム、鉄といった金属を結合した巨大な色素タンパク質複合体です。図4-9上がその構造を示したものですが、くるくる巻いたリボンのようなものが縦に並んでいるのは、タンパク質のα螺旋（αヘリックス）という構造を表し、この部分がチラコイド膜を貫通しています。同じ複合体が2つ組になって存在していて（二量体と言います）、右の部分と左の部分がそれぞれ1つの複合体です。下に突き出たようになっているところは、チラコイド膜の袋の内側に突き出ていることになります。

全体の構造から、クロロフィルやカロテノイド、その他の脂質や金属などタンパク質以外の成分を取り出したものが中段の図です。光化学系としての機能を果たすために、極めて多くの分子の働きが必要であることがわかります。下段には、電子伝達に関わる成分の位置だけを示しました。中央にP680とあるのが反応中心で、2分子のクロロフィルからなります。アンテナ色素が吸収した光エネルギーがこのP680に伝えられると、P680は電子を放出して酸化型である$P680^+$になります。放出された電子はP680のすぐ上にある2分子のフェオフィチンのうちの片方に飛び、さらに上の2分子のプラストキノンの片方であるQ_Aに行きます。Q_Aから次にもう1分子のプラストキノンのQ_Bに電子が渡ります。Q_Bは1つ目の電子を受け取ってQ_B^-になり、さらにもう1電子を受け取ってQ_B^{2-}になると水素イオン（プロトン、H^+）を2つくっつけて還元型のプラストキノンであるプラストキノール（PQH_2）の形になって複合体からはずれます。空いたところには、再び酸化型のプラストキノン（PQ）が入って元の状態に戻ります。このようにして、反応中心から伝達された電子は還元型のプラストキノンの形で次のシトクロムb_6/f複合体へと送られます。

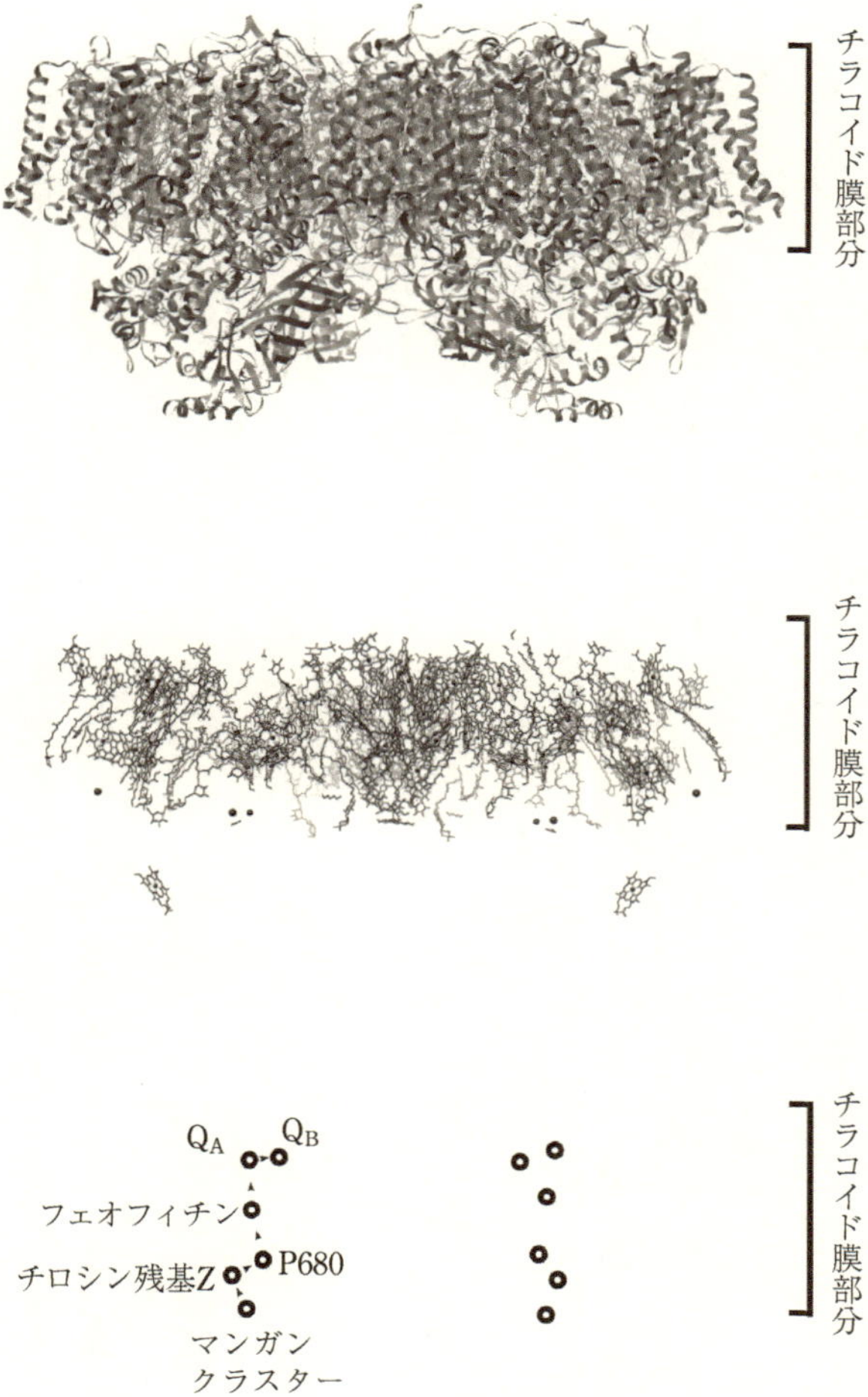

図4-9　光化学系Ⅱは巨大な色素タンパク質

一方、酸化されたP680は、反応中心を構成するタンパク質の特別なチロシン残基であるZから電子を引き抜きます。そして、Zはさらにマンガン4原子とカルシウム1原子からなるマンガンクラスター（クラスターは複数のものがかたまって存在する状態）から電子を引き抜きます。このマンガンクラスターで水が分解されるのですが、水が分解されて酸素になる反応は、

$$2H_2O \rightarrow O_2 + 4H^+ + 4e^-$$

と表すことができます。つまり、1分子の酸素を発生させるためには、2分子の水が分解されて4つの電子が引き抜かれることが必要だということです。これを実際に実験によって確かめることもできます。連続的な光を当てる代わりに、写真のフラッシュのような極めて短い光を当てると、1回のフラッシュでは電子を引き抜く反応が1回しか起こりません。そのようにして、しばらくの間暗いところに置いておいた植物の葉にフラッシュを当てると、1回ごとに発生する酸素の量は一定ではなく、フラッシュの回数によって変化します。そして、その酸素の量はフラッシュ4回を1つの周期として上がったり下がったりするのです。光合成の反応は光によって進めることができるので、このフラッシュの実験のように、反応を1回ずつ進めて何が起こっているのかを解析するという実験手法がよく使われ、光合成の様々な反応メカニズムを明らかにすることに貢献してきました。

光化学系Ⅱは水を酸化してプラストキノンを還元するので、酵素として表現すると「水／プラストキノン酸化還元酵素」ということになります。水を分解して酸素が発生する反応というのは、そう簡単に起こる反応ではありません。生物界広しといえども、この反応を起こすことができるのは光合成の光化学系Ⅱだけです。この反応は、水を酸素に酸化するという反応ですから、水よりもさらに強い酸化剤が必要で、それが $P680^+$ であり、Zであり、マンガンクラスターであるのです。しかし、このことは、これらの強い酸化剤が一歩間違えば水以外の生体物質を酸化して破壊してしまう危険性をはらんでいることを意味します。実際に、光化学系Ⅱは、強すぎる光を受けた時にいちばん壊れやすい部位でもあります。光化学系Ⅱは、このように環境ストレスによって阻害されやすい部位で、また水を分解するマンガンクラスターは、光化学系の中で完全に構造が決定できていない部位でもあります。このあたりについては、現在でも盛んに研究が行われています。

B　光化学系Ⅰ

次に光化学系Ⅰを見てみましょう。図4‐10上が光化学系Ⅰの結晶構造ですが、光化学系Ⅱと同じようにタンパク質のα螺旋の林からなる膜貫通部分がかなりの部分を占めます。光化学系Ⅱの場合は、チラコイド膜の袋の内側に突き出した部分が見られましたが、光化学系Ⅰの場合は、チラコイド膜の外側に突き出た部分が目立ちます。この突き出た部分にフェレドキシンというタンパク質が結合して、光化学系Iから電子を受け取ります。一方で、プラストシアニンは、光化学系Iのチラコイド膜の内側の部分に結合して電子を渡します。先ほどにならって、光化学系Iを酵素的に表現すれば「プラストシアニン／フェレドキシン酸化還元酵素」ということになります。

先ほどと同様に、クロロフィルなどタンパク質以外の部分だけを取り出したものが中段の図で、この光化学系Iの場合は、クロロフィルだけでおよそ100分子を結合しています。中央の上部に見える3つのサイコロのようなものは、この後説明する鉄イオウクラスターです。下段には、電子伝達をする成分の位置を示します。いちばん下にあるのが反応中心のP700で、これは、P680と同じようにクロロフィル2分子からなっています（正確に言うとクロロフィル a とその異性体クロロフィル a' からなる）。P700にアンテナ色素からエネルギーが渡ると、電子が別のクロロフィルである A_0 に飛んで、P700は酸化されて $P700^+$ になります。電子はさらに A_0 からフィロキノンという、プラストキノンと類似した物質である A_1、次に3つの鉄イオウクラスター F_X、F_A、F_B を渡っていきます。鉄イオウクラスターというのは、鉄とイオウがタンパク質のシステイン残基に結合したもので、F_X、F_A、F_B の場合は、それぞれ、4原子のイオウと4原子の鉄がサイコロのような構造を作っています。この鉄イオウクラスターまで来た電子は、フェレ

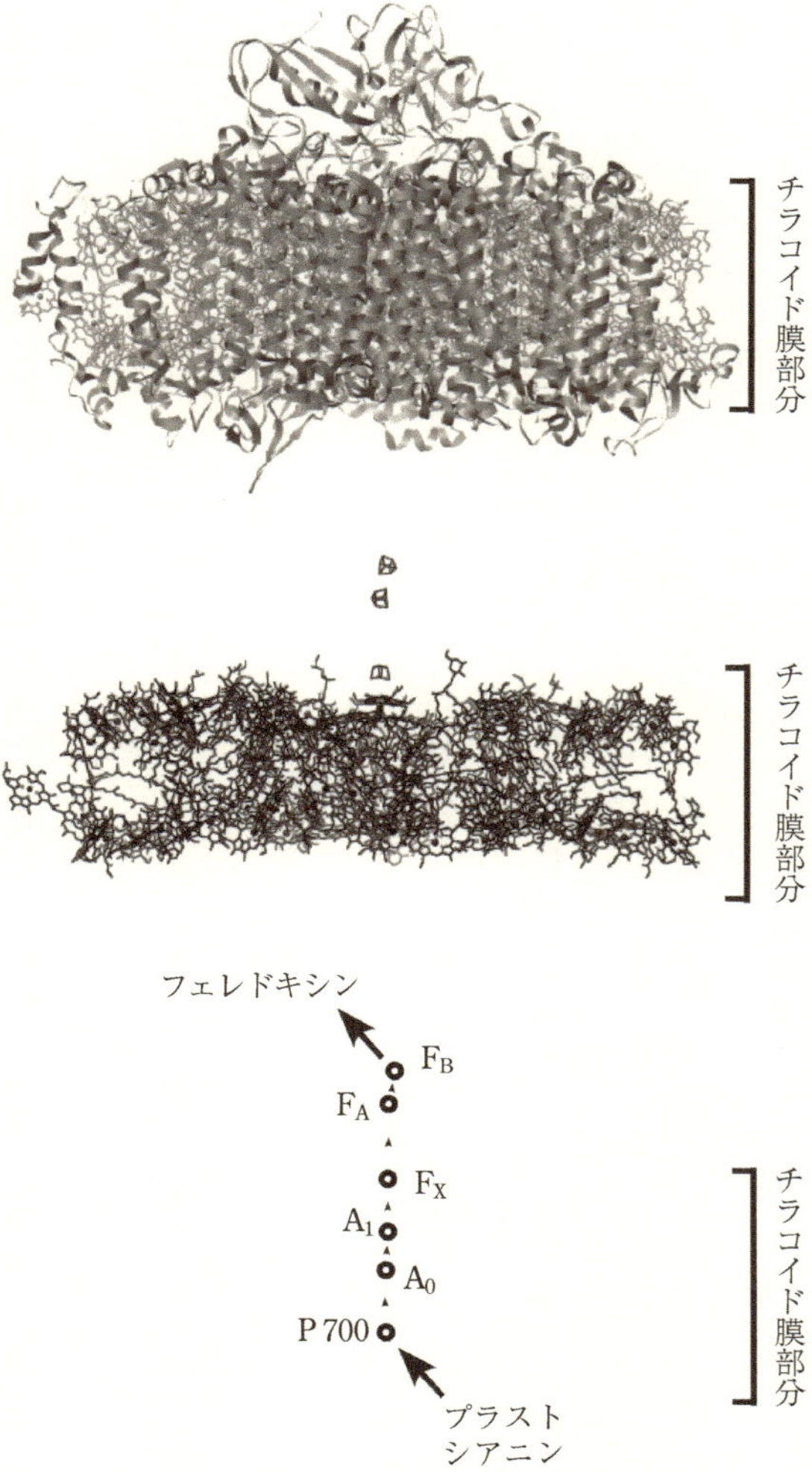

図4-10　光化学系Ⅰの立体構造

ドキシンという、やはり鉄イオウクラスター（ただし、こちらは2原子のイオウと2原子の鉄からなる）を含むタンパク質に渡されます。植物の細胞の中では、二酸化炭素の固定（還元）反応の他にも、窒素を有機物に取り込む反応（窒素同化反応）などに還元力が使われますが、このフェレドキシンは、そのような際に還元剤として使われます。

光化学系Iの場合は、酸化されて生じた$P700^+$もさほど強い酸化剤ではありません。ですから、$P680^+$のように他の生体成分を破壊してしまうといった心配はありません。しかし、電子を受け取った鉄イオウクラスターの方はかなり強い還元剤となりますから、例えば酸素を還元することができます。酸素は還元されるとスーパーオキシドなどの活性酸素を生じますから、これが周囲の物質に害を与える可能性があります。光が弱い時には酸素に電子が渡る可能性は小さいのですが、二酸化炭素固定反応が止まって還元力が余ってしまったり、光が強すぎた場合は、酸素が還元されて活性酸素を生じます。光合成では、酸化還元電位の異なる2つの光化学系を組み合わせることにより、水の酸化とNADPHの還元を両立させています。そのため、酸化還元電位の低い光化学系Iではその還元力の強さが場合によって危険をもたらし、酸化還元電位の高い光化学系IIではその酸化力の強さが障害の原因となりうる、というわけです。このあたりは筆者の専門分野に近いこともあって、思わず大学院レベルの講義口調になってしまいました。

C　シトクロムb_6／f複合体

2つの光化学系反応中心複合体は、それぞれ水／プラストキノン酸化還元酵素とプラストシアニン／フェレドキシン酸化還元酵素でしたが、それをつないで、プラストキノン／プラストシアニン酸化還元酵素として働く複合体がシトクロムb_6／f複合体です。その構造を図4-11上に示しますが、やはり膜に埋まっている部分がタンパク質のα螺旋の林になっているところは同じです。この複合体も光化学系Ⅱと同じく二量体として存在していて、図4-11ではその両方を示しています。例によって、タンパク質以外の成分を取り出した図を中段に、電子伝達する成分の位置を下段に示します。光化学系ⅠやⅡと比べると、タンパク質以外の成分は数が少ないのですが、意外なことに複合体にはクロロフィルaとβ-カロテンが1分子ずつ含まれていました。シトクロムb_6／f複合体が行う反応は光エネルギーを使う反応ではありませんから、何のために色素が結合しているのかよくわかりません。何か光環境に応じて活性などを調節しているのかもしれませんが、これからの研究課題です。

他にも予想外の出来事がありました。シトクロムというのは、クロロフィルと似たような構造のヘム（中心にはマグネシウムの代わりに鉄が入ります）を結合したタンパク質です。シトクロムb_6／f複合体という名前が付いているぐらいですから、複合体の中にヘムbとヘムfが存在しているのは元からわかっていましたが、その他にヘムXという正体のわからないシトクロムが存

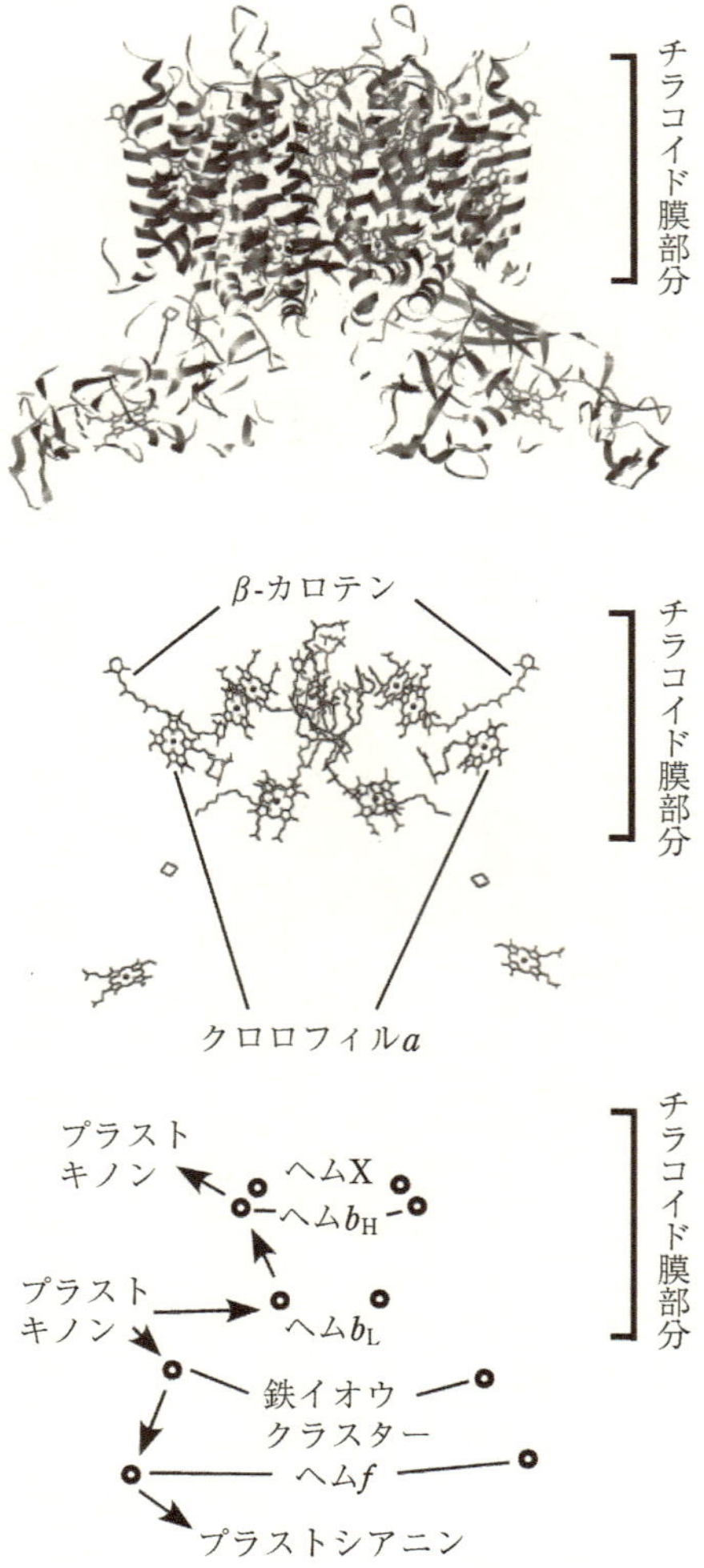

図4-11　シトクロムb_6/f複合体の立体構造

在していました。このヘムXの役割についても、まだ決定的なことはわかっておらず、機能の解明が待たれます。シトクロムの他には、光化学系Iのところにも出てきた鉄イオウクラスターがシトクロムb_6/f複合体の中で電子を運ぶことがわかっています。このシトクロムb_6/f複合体の電子伝達の面白いところは、還元型のプラストキノンからの電子が2つの経路に分かれて、1つは鉄イオウクラスターからシトクロムfを経てプラストシアニンに渡る一方、もう1つの電子は2つのシトクロムbを経てもう一度プラストキノンに戻っていく点です。この部分はプロトンの濃度勾配を作るために重要な役割を果たすので、次の第5節で詳しく説明します。

D　プラストシアニンとシトクロムc_6

最後に、シトクロムb_6/f複合体と光化学系Iを結ぶプラストシアニンについて、少しだけ触れておきましょう。このプラストシアニンは、チラコイド膜の袋の内側に存在する小さなタンパク質で、電子のやり取りをするために銅を結合しています。陸上植物では、この役割を果たすのはプラストシアニンなのですが、一部の藻類やシアノバクテリアではシトクロムc_6というタンパク質がプラストシアニンの代わりを務めます。シトクロムc_6は、他のシトクロムと同じく、鉄を中心に持ったヘムというクロロフィルに似た分子をタンパク質に結合していて、これで電子のやり取りをします。面白いことに、一部の藻類では、プラストシアニンとシトクロムc_6を両方持っていて、条件によってどちらを使うかを切り替えることができます。つまり、銅がたくさんあって鉄が欠乏した条件では、銅を持つプラストシアニンを使い、逆に銅が欠乏して鉄ならばある、という条件では、鉄を使うシトクロム c_6 を使うというわけです。このような調節のために、金属の濃度によってタンパク質の量を変える仕組みがあることがわかっています。

コラム　生物と金属

金属というと、「無機的な」という言葉で表現される素材の代表格で、生物とは無関係のような気がします。しかし実際には、生物の中では様々な金属が働いています。もちろん、サイトゾルの中にはマグネシウム、カリウムなど様々な金属がイオンとして溶けていますが、それは別にしても、タンパク質と結合した形で働いている金属が色々あります。おそらくいちばん有名なのは、血液の赤い色素であるヘモグロビンの中の鉄でしょうか。鉄が欠乏すると貧血になるというのはよく聞く話です。

植物では、クロロフィルの中心金属としてマグネシウムがありますから、量的にはこれがいちばん多いでしょう。この他に、前に触れたように、光化学系IIはマンガン、鉄、カルシウムを含み、光化学系Iも鉄をたくさん含みます。また、プラストシアニンは銅を含みますし、シトクロムは鉄を含みます。これらの電子伝達をする成分に金属が多いのには理由があります。電子伝達というのは酸化還元反応による電子のやり取りですが、タンパク質というのは、それほど酸化還元が得意ではありません。タンパク質の中ではシステイン残基が酸化還元を行うことが知られていて、活性の調節などにはこれがよく使われますが、光合成の電子伝達のような速い反応には使えません。そこでどうするかというと、タンパク質に金属をくっつけて、その金属が電子を受け渡しするように工夫するのです。鉄などはもともとFe^{2+}とFe^{3+}の間で酸化還元を行いますし、マンガンなども様々な酸化状態をとることができますから、酸化還元反応をさせるにはうってつけです。金属は、一般に電気を通す素材として用いられますが、生物においても、電子をやり取りする素材として使われていることになります。

5　プロトンの濃度勾配を作る

この節では、プロトンの濃度の勾配を利用したＡＴＰ合成の中身を見ていきましょう。最初に、なぜ電子が流れるとプロトンが運ばれるのかを考えましょう。光合成の電子伝達を見ると、光化学系Ⅱで水が分解される時にプロトンが放出されます。また、光化学系Ⅰからフェレドキシンを経て$NADP^+$が還元される時に、プロトンが吸収されます。水の分解はチラコイド膜の内側（ルーメン側）で、$NADP^+$の還元はチラコイド膜の外側（ストロマ側）で起きますから、結果として最後の収支だけを見ると、プロトンは外から中へと運ばれることになります。しかし、これだけではありません。もう1ヵ所、キノンが電子を運ぶところにもミソがあるのです。

光合成の電子伝達では、プラストキノンという物質が光化学系IIとシトクロムb_6/f複合体との間の橋渡しをします。キノンという物質は、亀の甲の上下に酸素がくっついた形をしていて、プラストキノンはこれに長い炭化水素のしっぽがくっついています。プラストキノンは電子を2個まで受け取ることができます。電子を1つ受け取るとプラストセミキノンラジカルになり、さらにもう1つ電子を受け取ると、そこでプロトンを2個くっつけてプラストキノールになります(図4-12)。実は、光化学系IIの中のQ_A、Q_Bという電子受容体も、本体はプラストキノンなのです。

Q_Aの場合は、タンパク質との相互作用により、電子を1つしか受け取らず、また通常の条件ではタンパク質からはずれることもありません。一方、Q_Bは電子を1つ受け取っただけでは、次にその電子を伝えることをせず、もう1つの電子を受け取って還元型のプラストキノールになると、チラコイド膜の中に溶け出ていくのです。もともとの部位には、今度は、チラコイド膜に溶けていた酸化型のプラストキノンが結合して、再びQ_Bとして働くことになります。

電子とプロトンを受け取ったプラストキノールは、チラコイド膜の中を拡散して、シトクロムb_6/f複合体のプラストキノール酸化部位（Q_o）に結合し、電子2個を渡すと、プロトン2個を

第4章 エネルギー変換

プラストキノン

H₃C
H₃C
(CH₂-CH=C(CH₃)-CH₂)₉H

2電子+2プロトン ← → 1電子

プラストセミキノンラジカル

H₃C
H₃C
(CH₂-CH=C(CH₃)-CH₂)₉H

1電子+2プロトン

プラストキノール

H₃C
H₃C
OH
OH
(CH₂-CH=C(CH₃)-CH₂)₉H

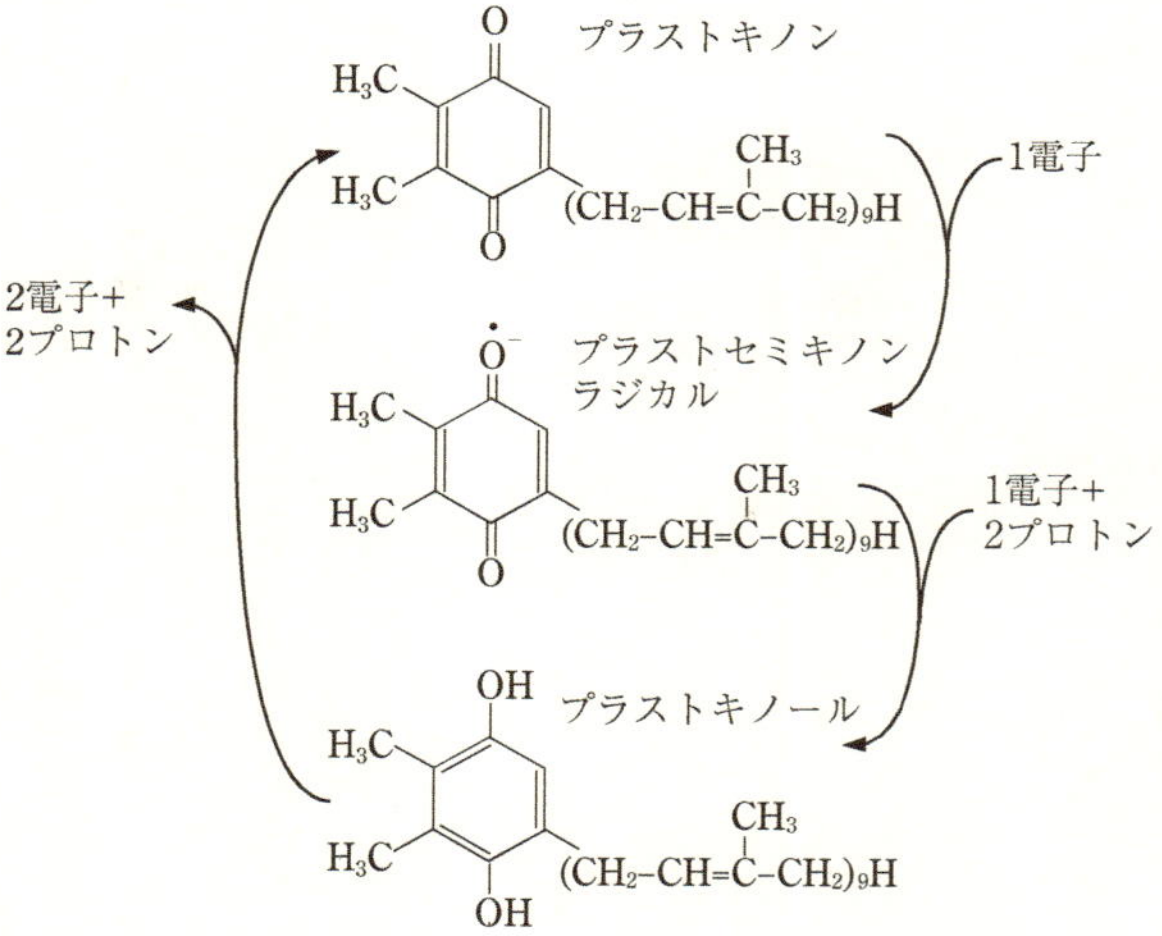

図4-12　プラストキノンの電子のやり取り

放出してプラストキノンになってチラコイド膜の中に戻ります（図4-13）。

この過程のどこがミソかというと、光化学系IIのQ_B部位がチラコイド膜の外側に近いところにあるのに対して、シトクロムb_6/f複合体のプラストキノール酸化部位は、チラコイド膜の内側近くにあるという点です。つまり、電子を受け取ってプロトンをくっつける場所は外側で、逆に電子を渡してプロトンを出す場所は内側ですから、電子が流れることによって、プロトンがチラコイド膜の外側から内側へと運ばれることになるわけです。

プロトンは正の電荷を持っているので、一種の油の層であるチラコイド膜を透過するのが困難なのですが、プラストキノールの中では電子の負の電荷と打ち消しあいますから、プ

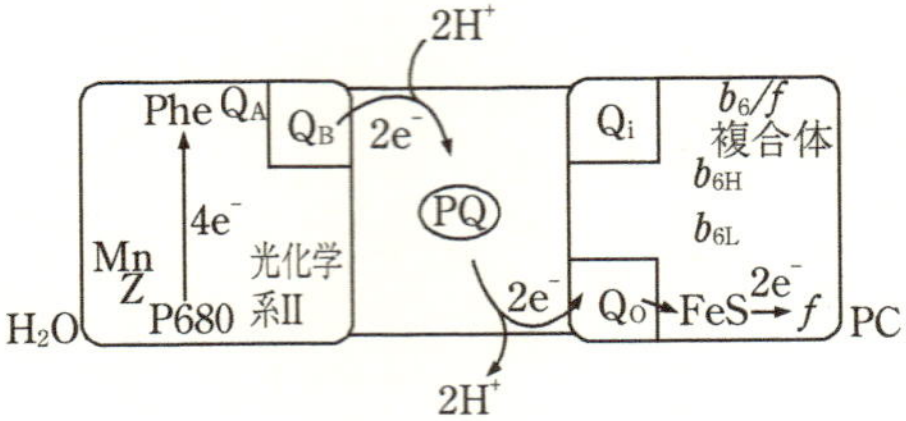

図4-13　チラコイド膜の中のプラストキノンの動き

ラストキノールという形を取れば膜の中を移動することができるのです。

さて、プラストキノンは電子2個とプロトン2個を結合することによってプラストキノールになるわけですから、この過程で運ばれるプロトンの数は、電子1個あたり1個のはずです。しかし、実はもう一つ仕掛けがあって、運ばれるプロトンの数は2倍になっています。シトクロム b_6/f 複合体のプラストキノール酸化部位にプラストキノールがたどりつくと電子を渡すわけですが、その際に、1つの電子は鉄イオウクラスターに渡され、ここからシトクロム f を経てプラストシアニンへと渡ります。しかし、もう1つの電子は、そのような通常の光化学系Iへの電子の流れに乗らず、シトクロム b_{6L} からシトクロム b_{6H} を経てプラストキノン還元部位（Q_i）に結合したプラストキノンに渡されるのです。このプラストキノン還元部位は、酸化部位とは異なってチラコイド膜の外側に位置しています。還元部位に結合していたプラストキノンは電子を2個受け取るとプラストキノールとなってチラコイド膜に溶け出て、再びプラストキノール酸化部位へと向かうのです（図4-14）。つまり、光化学系IIから光化学系I

へという直線的な電子の流れの他に、シトクロムb_6/f複合体とプラストキノンによって構成される環状の電子の流れが存在し、直線的な経路を通る電子1個あたりにすると2倍のプラストキノンが動き、2倍のプロトンが運ばれることになるのです。1粒で2度おいしい仕組みです。このような環状の電子の流れをキノン回路といいます。

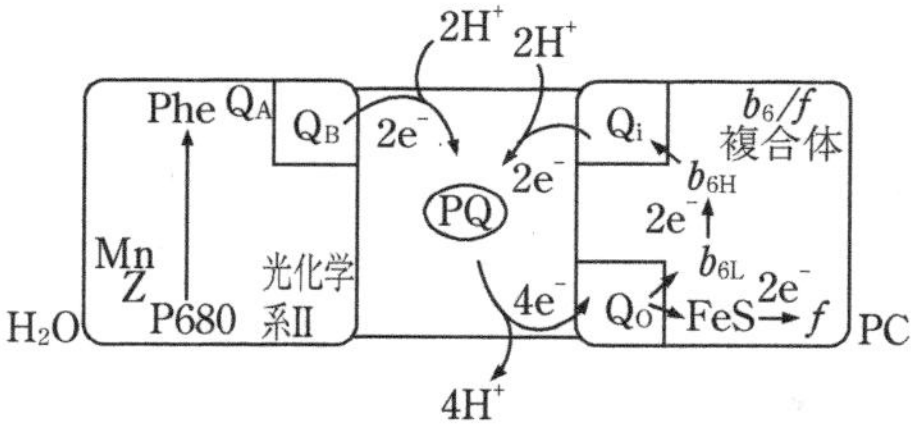

図4-14　プラストキノンの1粒で2度おいしい仕組み

ここまでの説明を読んで、何の疑問も持たずに「なるほど、植物は効率のよい仕組みを持っているものだ」と感心した人は、まだまだ修行が足りません。この章の第2節を読み直す必要があります。なぜなら、プラストキノンとシトクロムb_6/f複合体は、光化学系とは違って光エネルギーを使うことはできませんから、そこで行われる電子伝達は、酸化還元電位に従って自発的に進行するはずです。第2節の説明を思い出していただければ、電子伝達をする成分の酸化還元電位はだんだんとプラスの方向に大きくなるように並んでいるはずです。とすれば、いちばん最後から最初に戻る環状の電子の流れは自発的には進行するはずがありません。もしそれが可能なら、同じところでぐるぐる電子を回しておいてそれによってプロトンを運べば、ATPという形でエネルギーを得ることができますから、永久機関ができてしまいます。

では、どこがおかしいのかというと、実はキノン回路は、それ単独では「自発的」には進行しないのです。直線的な電子伝達は、酸化還元電位に従った自発的に起こる反応なので、これと共役することでキノン回路は回っているのです。共役というのは、本来はエネルギー的に起きにくい反応を、起こりやすい反応と組にして進行させることをいいます。例えば、チラコイド膜を隔ててプロトンを輸送するのも、濃度勾配に逆らうことになりますから、自発的に起こる電子伝達と共役することによって初めて起こる反応です。結局、自発的に起こる直線的な電子伝達にキノン回路を共役させることによってプロトンを余分に運んでいることになります。

具体的なメカニズムはどうなっているかというと、直線的な電子伝達が起こることによって複合体のタンパク質の立体構造が言わば一度たわめられます。そうすると、キノン回路に電子が流れるようになり、流れたあとは、また元の立体構造に戻ることになります。

6 ATPの合成

さて、今度は、プロトンの濃度勾配から実際にATPを作る部分を見てみましょう。ATPは合成するより分解する方が進みやすい反応ですから、当然ATPの合成は自発的には進行しませ

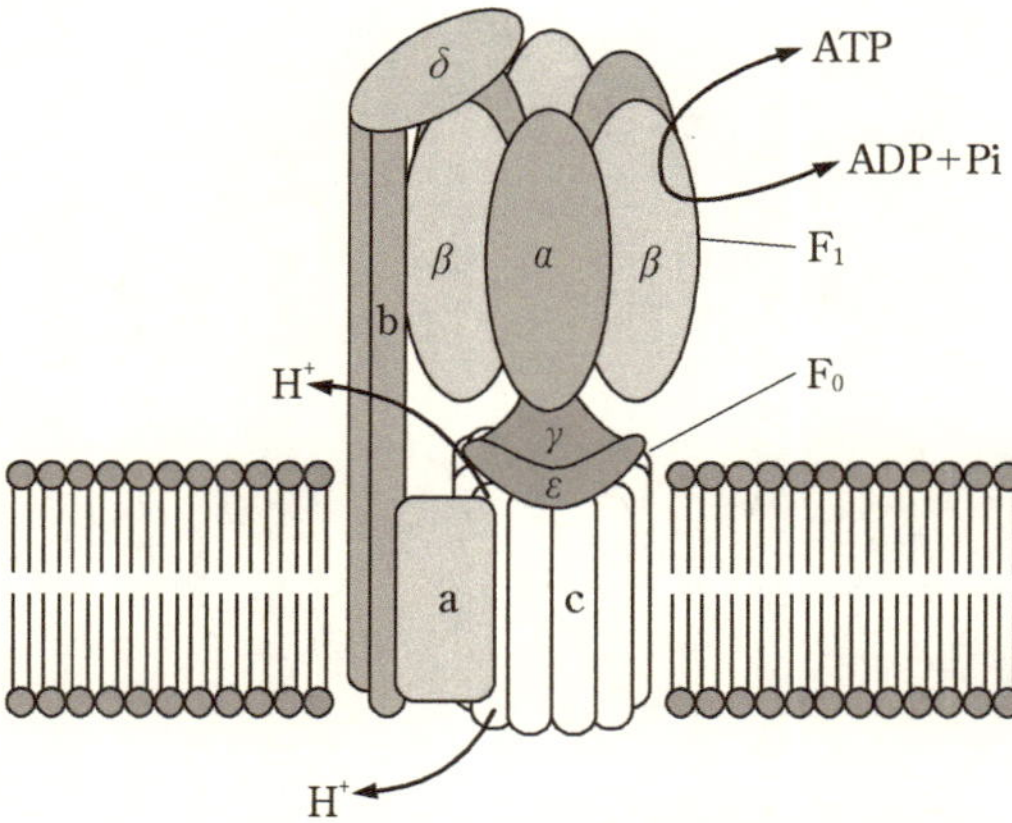

図4-15　ATP合成酵素の構造

ん。ですからこの反応も共役反応の一種で、プロトンの濃度勾配があって初めて進行することになります。ＡＴＰ合成酵素は、膜に埋まった部分F_O（エフオーと読みます）と、膜から突き出している部分F_1からなり、それぞれ複数のサブユニットからなっています（図4-15）。

膜から突き出している部分F_1は、α・βという2種類のサブユニットが3個ずつ組み合わさったものが主要な部分を構成しています。この他に、γ・δ・εというサブユニットもありますが、これらは1個ずつです。ＡＴＰを合成する触媒部位はα・βサブユニットが形づくる部分にあることがわかったので、酵素1個あたりに触媒部位は3ヵ所あることになります。わざわざ触媒部位が3ヵ所あるのであれば、それらは皆働いているのでしょうが、その一方で、γ・δ・εサブユニットは1個ずつしかないので、3ヵ所の触媒部位はγ・δ・εに関しては不平等な立場にあることになり、もし、γ・δ・εが何らかの働きをしているのであれば、3つの触媒部位のうち、γ・δ・εの近くにあるものはよいのですが、γ・δ・εと離れている残り2つの触媒部位は十分に働けなくなることが予想されます。アメリカのボイヤーという研究者は、この疑問に対して非常に斬新なアイデアを提出しました。α・βの3つの組がγ・δ・εに対してぐるぐる回転し、3ヵ所の触媒部位が順番に働いて、ATPを合成しているのではないか、と考えたのです。

このアイデアが出されたのは、1982年のことです。その際、「順番に働いて」という部分は、まあ、多くの人が納得したのですが、「ぐるぐる回転し」という部分は、あまりに斬新すぎて一般的に受け入れられるには至りませんでした。ところが1994年になって、イギリスのウォーカーという人が、ATP合成酵素を結晶化しX線結晶解析によってその3次元構造を解いてみると、α・βの3つの組が丸い球を形づくる中にγサブユニットが突き刺さっているという、いかにも「回転しますよ」と言わんばかりの形をしていたのです。10年以上を経てボイヤーのATP合成酵素回転説は一挙に市民権を得て、ボイヤーたちは1997年にノーベル賞を受賞しました。しかし、結晶構造だけからでは、実際に酵素が回転するのかどうかは確かめることはできません。ATP合成酵素が実際に回転しているという点については、次のコラムで紹介するように、日本の研究グループの手によって証明がなされました。

なお、通常の酵素と同じで、ＡＴＰ合成酵素もＡＴＰの合成と分解の両方の反応を触媒します。つまり、プロトン濃度勾配（とＡＤＰ）があればＡＴＰを合成しますが、逆に、ＡＴＰがあって、プロトン濃度勾配がない場合は、ＡＴＰを分解してプロトンを輸送します。ですから、ＡＴＰ合成酵素は、ＡＴＰのエネルギーを利用するプロトンポンプとしても働くのです。

では、ＡＴＰ１分子を作るのにプロトンがいくつ必要なのでしょうか。

実は、この基本的なことがよくわかっていないのです。一昔前の教科書には、「３つのプロトンがF_0の部分を通過するとＡＴＰが１分子できる」と書いてありました。その後、「どうも、プロトン４つでＡＴＰが１分子できるのではないか」という説が有力になりました。図４-15に示したように、F_0部分はａとｂサブユニットが作る軸構造と、ｃサブユニットが作るリング構造からなります。このｃサブユニットのリング状構造が、言わば膜に穴を開けており、ここをプロトンが通る、と考えられます。穴と言っても、そこをすかすかプロトンが通るのではなく、あくまでｃサブユニットに結合した状態でプロトンは移動するので、いくつプロトンが通るかはｃサブユニットの数によって決まると考えられます。

F_1のα、βサブユニットが３つずつ存在することを考えると、F_0のｃサブユニットが12個であれば、α・βのペア１組あたり４個が対応することになります。とすれば、ｃサブユニット１個がプロトン1個に対応すると考えると、4プロトンで1ATPという比率をよく説明できます。ところが、これでめでたしめでたしと思っていたところ、葉緑体のF_0部分の構造解析結果が発表され、そこではcサブユニットは14個であったのです。しかも、酵母や大腸菌のATP合成酵素ではこれが10個、ある種の細菌では9個、シアノバクテリアの場合は14個から15個と生き物によっても異なっていました。

生物種によってプロトンとATPの比率が異なるのか、それとも、cサブユニットの数とは全く違うメカニズムでプロトンとATPの比率が決まっているのか、現状はまだ混沌としており、決着するまではもう少し研究が必要のようです。一部の教科書には、グルコース1分子が分解すると36分子のATPが合成される、といった記述が見られます。しかし、最後のATP合成のステップでの量比さえ確定していない状態で、36分子のATPなどといった細かい数字が決まるはずがありません。実際の値は未確定ですが、特にミトコンドリアの呼吸の場合は、輸送にかかるコストなどもあり、36分子という数字よりはだいぶ少ない値が予想されます。

コラム　回転する酵素

ATP合成酵素回転説を紹介しましたが、当然のことながら酵素がぐるぐる回っているのを観察してそのような説をたてたわけではありません。酵素は小さすぎて、たとえ顕微鏡を使ったとしてもその回転を見るのは難しいからです。ところがここで、面白いアイデアを思いついた日本の研究グループがいました。筋肉を構成しているアクチンというタンパク質はたくさん集まって細長い繊維状の構造を取りますが、そのアクチンの長い繊維をＡＴＰ合成酵素にくっつけたら長い繊維がぐるぐる回って顕微鏡で観察することができるのではないか、というアイデアです（図４-16）。その際に、見やすいようにアクチンの繊維に蛍光色素をくっつけておいて、顕微鏡の下で光るようにしておきます。また、プロトンの濃度勾配を使ってＡＴＰ合成酵素を回転させるのは大変なので、逆の反応を使います。つまり、ＡＴＰ合成酵素にＡＴＰを加えると、ＡＴＰ加水分解酵素として働くので、その時に回転するところを見ようというのです。αサブユニットとβサブユニットからなるＡＴＰ合成酵素の頭の部分を逆さまにガラス基板にくっつけておいて、突き出た軸部分のγサブユニットにアクチンの繊維をくっつけます。そし

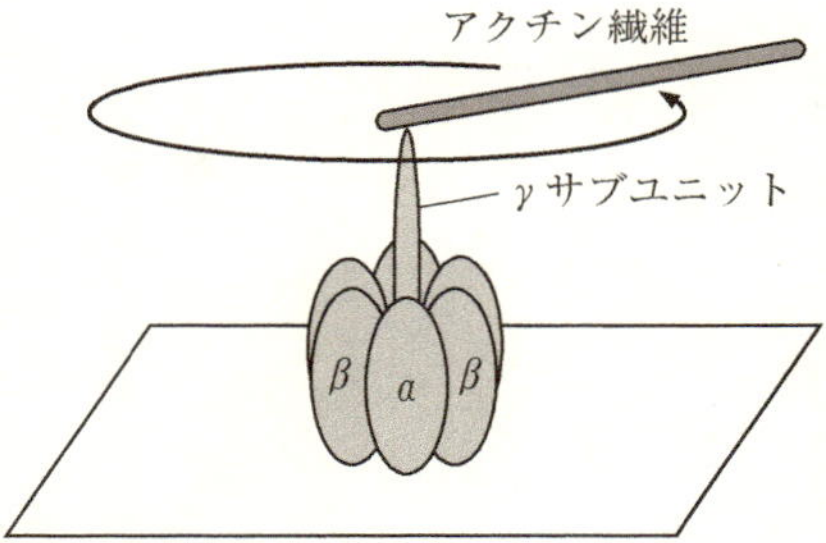

図4-16　ATP合成酵素は本当に回転していた
原図：久堀徹

て、アクチン繊維の蛍光色素から出る蛍光を顕微鏡で観察しながらATPを加えると、まさに、い、い、どんぴしゃり、繊維がぐるぐる回転するのが見えたのです。しかも、ATPの濃度を少し薄くしてやると、くるくる連続的に回るのではなく、120度ごとに時々止まるように見えました。これはまさに、1／3回転で1分子のATPが合成されることとピッタリ対応します。

しかし、これはよくよく考えてみると極めて幸運な出来事でした。なぜなら、本来の酵素の回転速度はもっとずっと速くて（おそらく1秒間に100回以上）、目に見えないぐらいのはずだからです。それがうまく観察できたのは、ATP合成酵素がアクチン繊維といういわば重荷を背負っていたため、ゆっくりとしか動けなかったからなのです。苦労して測定方法を工夫したことが、研究者に幸運の女神がほほえんだということでしょう。

7　生物のエネルギー獲得戦略

この章では酸素呼吸と光合成によるエネルギー獲得を見てきました。しかし、生物がエネルギーを獲得する方法は、これだけではありません。例えば、身近な例に発酵があります。酵母は発酵の際に、好気呼吸の際の解糖系と本質的に同じプロセスで糖を分解して、エネルギーを得ます。ただ酸素がない条件では、酸素に電子を渡す電子伝達ができませんから、NADHを消費することができず、NADHを生じるクエン酸回路も動きません。とすると、解糖系ではピルビン酸ができますが、そこからクエン酸回路と電子伝達によってさらにエネルギーを得ることはできませんから、細胞外に捨てるしかありません。ところが、酵母はこのピルビン酸をそのまま捨てず、わざわざアルコールと二酸化炭素に変えてから捨てています。これはなぜでしょう?

解糖系ではこの章の1節A項で見たように、NAD^+がNADHに還元されます。酸素があって電子伝達が動いている時には、NADHが再びNAD^+に戻されますからよいのですが、電子伝達が動かない時には、NADHになったままになってしまいますから、そのままでは解糖系の反応に必要なNAD^+が足りなくなって、反応は停止してしまいます。そこで、酵母はちょうど余ったピルビン酸から二酸化炭素を除いてアセトアルデヒドとし、このアセトアルデヒドを酸化剤として用いてNADHを酸化し、NAD^+に戻すのです。そうするとアセトアルデヒド自体は還元されることになりますが、そこで還元されてできる物質がエチルアルコールなのです。したがって酵母にとって重要なのは、NAD^+を再生することであり、その過程で生じる二酸化炭素やアルコールは、単なる不要物に過ぎないので、細胞の外へ捨てます（図4-17）。

人間は、パンをふくらませるために酵母の出す二酸化炭素を使い、またお酒を造るために酵母が作るアルコールを使いますが、これらは、いずれも酵母にとっては廃棄物に過ぎないのです。これは、乳酸菌の場合も同じです。乳酸発酵の場合も、やはり解糖系を動かし続けるためにNAD^+を再生する必要があり、こちらはピルビン酸を直接NADHの酸化剤として使うので、で

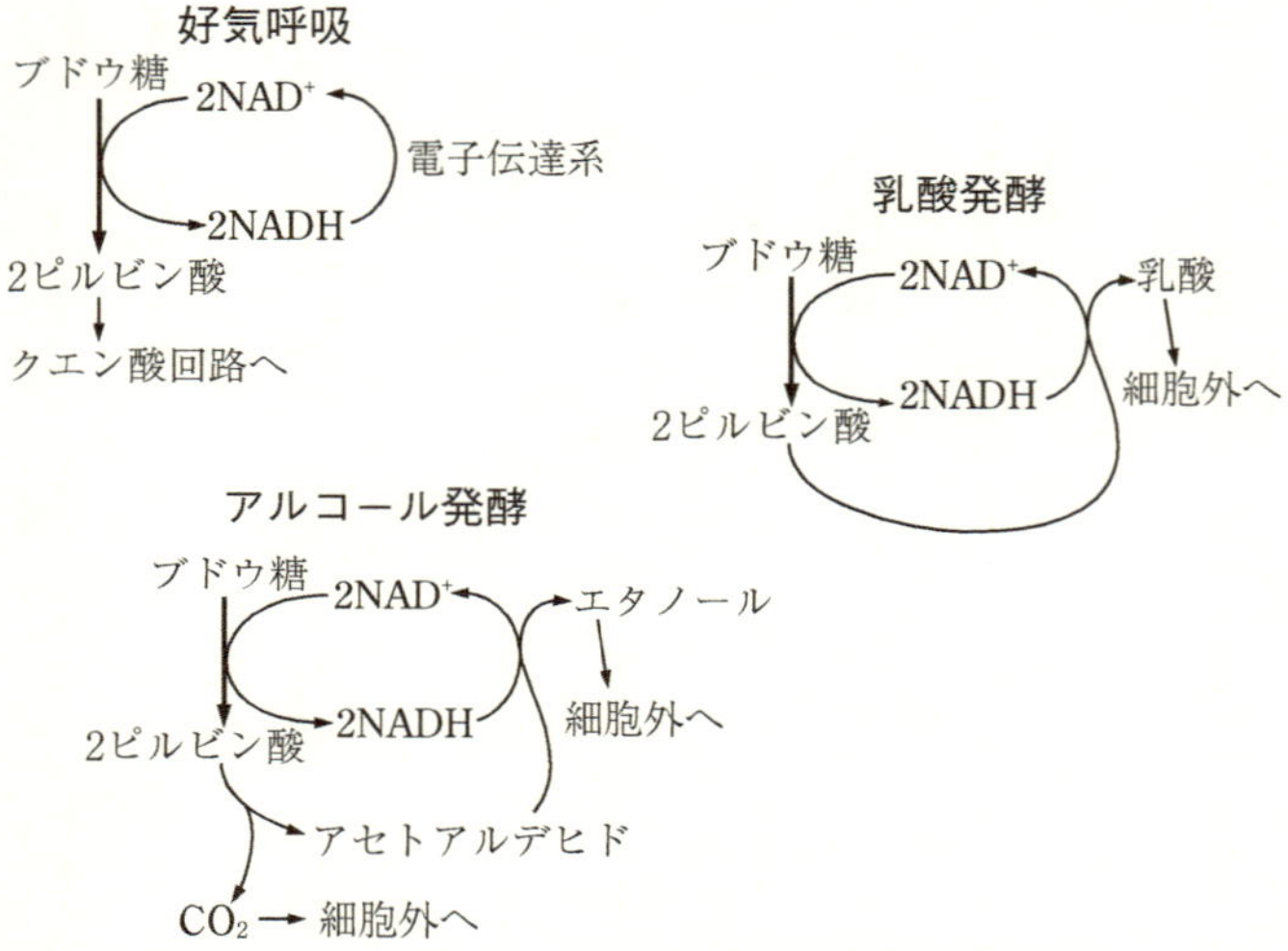

図4-17　ヨーグルトも酒もNAD^+を得る際の廃棄物

きてくるのは乳酸になります。乳酸自体は乳酸菌にとって生存に必要なものではないので、やはり細胞の外へ捨てることになります。人間がヨーグルトなどを作る時に重宝する乳酸ですが、やはり乳酸菌にとっては廃棄物なのです。

発酵とはだいぶ違いますが、同じ酸素がない条件でのエネルギー獲得の方法として、硝酸塩呼吸というものがあります。これは、有機物を酸化する際に酸化剤として酸素を使う代わりに、硝酸イオンを使ってATPを合成する仕組みです。これは電子伝達の酸化剤（電子の受容体）として硝酸塩を使うだけで、有機物を栄養源にする点は酸素呼吸生物と同じです。有機物の分解によって得られるNADHが、酸素呼吸の場合と同じように還元剤（電子供与体）として電子伝達の出発点になります。

一方、生物によっては、有機物ではなく、無機物である水素や硫化水素といったものを還元剤として使えるものがあります。それらは、有機物によらずに、かつ植物と異なり光合成もせずに生きていくことができるので、独立栄養化学合成細菌と呼ばれます。還元剤として使われる物質は水素や硫化水素のほか、鉄、イオウ、アンモニア、亜硝酸、亜硫酸など様々で、酸化剤としても、酸素を使う場合のほか、硝酸、二酸化炭素など様々な物質が使われます。これらは、見かけはバラバラですが、いずれも、電子伝達（酸化還元）による広い意味での呼吸と言えます。酸化還元電位の異なる2つの物質があれば、その間で電子伝達が起こり、そこからエネルギーを取り出すことができる、というのが基本的な呼吸の仕組みです。いちばん有名な酸素呼吸では、有機物を分解して作ったＮＡＤＨが還元剤となり、酸素を酸化剤とすることによりエネルギーを取り出します。しかし、酸化還元の反応を起こすために必要な物質は、別にＮＡＤＨと酸素でなくてもよいわけです。

ただ酸化還元の反応である以上、1つの物質では反応は進みません。必ず相手が必要です。「ＮＡＤＨという物質自体が中にエネルギーを持っているのではなく、ＮＡＤＨと酸素の酸化還元電位の差こそがエネルギーを生み出す」のです。高校の生物では窒素の循環について学びますが、教科書などに「亜硝酸酸化細菌は亜硝酸を硝酸に酸化する際のエネルギーにより生きている。硝酸還元細菌は硝酸を亜硝酸に還元する際のエネルギーにより生きている」といった記述がよく見られます。しかし、これは考えてみれば、とてつもなく妙な記述です。この記述は嘘ではないのですが、これだけしか聞かなかったら、亜硝酸を亜硝酸酸化細菌によって硝酸にして、それをまた硝酸還元細菌によって亜硝酸に戻してということを繰り返し、その両方の過程でエネルギーを得ることができるとしか思えません。これなら、2つの細菌の間で硝酸と亜硝酸をぐるぐる回せばエネルギーができるわけですから、人類のエネルギー問題など即座に解決しそうです。しかし、そうは問屋が卸さないのはもちろんのことです。実際には、硝酸還元細菌は、硝酸をNADHにより還元します。一方で、亜硝酸酸化細菌は亜硝酸を酸素によって酸化するわけです。窒素の循環に目を向けていると、硝酸と亜硝酸だけしか出てきませんが、実際にはその相手としてNADHと酸素が必要なわけです。そして、NADHと酸素があれば、エネルギーを生み出すことができるのには何の不思議もありません。ある物質の酸化または還元の反応を考える時には、その反応によって還元または酸化される相手があることを頭に置いておかなくてはいけないのです。

最後に、第2章で触れた光合成細菌のエネルギー獲得の方法についても考えておきましょう。光合成細菌は、高等植物とは違って、光化学反応中心を1種類しか持ちません。緑色イオウ細菌という光合成細菌は、光化学系Iとよく似たI型反応中心を持っており、硫化水素などの無機物を電子供与体として光のエネルギーを用いて$NADP^+$を NADPH に還元します。この電子伝達と共役してATPを合成するので、高等植物と同じようにATPとNADPHを作ることができます。緑色イオウ細菌は、高等植物と同じように独立光栄養生物です。一方、紅色光合成細菌は、光化学系Ⅱとよく似たⅡ型反応中心を持っているのですが、水を分解することはできず、リンゴ酸などの有機物を電子の出発点にして光のエネルギーにより循環的な電子伝達を行います。この場合、リンゴ酸の酸化によってできたオキサロ酢酸にまた電子が戻るので、NADPHはあまり作られませんが、循環的な電子の流れと共役してATPは合成されます。紅色光合成細菌の一部は有機物を必要とするので、従属光栄養生物に分類されます。有機物からは、呼吸の電子伝達によってNADPHを作ることが可能なため、光化学系ではATPを主に作っていればよいので、このような循環的な電子伝達を行っていると考えることができます。

コラム 大気が水素の星では……

よく私たちは、石油をエネルギー源とする、という言い回しをします。しかし、ものの燃焼や酸化還元の反応によってエネルギーを得るためには、本来、酸化還元電位の異なる2つの物質が必要なはずです。もうおわかりと思いますが、石油を燃やす場合のもう1つの物質というのは空気中の酸素です。現在の地球の大気が酸素を含むからこそ、石油がエネルギー源となるわけです。二酸化炭素消火設備というのがあって、発電所などに備えられているそうですが、これは火災現場に二酸化炭素を放出することによって、酸素濃度を下げて火を消します。酸素がなければ燃えるものがあっても燃えない、という代表的な例でしょう。

ということは、木星のように、そもそも大気の主成分が水素とヘリウムであるような惑星では、石油は燃料にはならないことになります。その代わり、木星では酸素を持っていけば燃料になるはずです。酸素ガスを水素大気中で「燃やす」とどのような炎が出るのかは知りませんが……。水素大気中では、原理的には、鉄さび（酸化鉄）や二酸化炭素もエネルギー源になるはずです。地球上でも、先に述べた独立化学合成細菌の一種であるメタン合成細菌は、水素と二酸化炭素からエネルギーを取り出すことができます。

第5章　二酸化炭素の固定

1　カルビン回路

光合成であれ、呼吸であれ、電子伝達によって作ったＡＴＰとＮＡＤＰＨは生体内のエネルギー源と還元力として使われますが、植物の場合、その最大の使い道は二酸化炭素を有機物に固定する反応です。光合成の産物の一つがデンプンであることは古くから知られていましたが、デンプンのような複雑な物質が二酸化炭素から直接合成されるはずはありません。おそらく、二酸化炭素からまず単純な有機物が合成され、それが少しずつ複雑な化合物に変化していって最終的にデンプンになるのだろうということは、予想されていました。その道のりの解明には、実は戦争が大きく関わっています。第二次世界大戦中、アメリカでは、多くの予算、物資、人材が、原子爆弾の開発に向けられました。その過程で、核物理学をはじめとする原子力関連の学問分野は急速に進歩し、また核関連施設が多く建設されました。そして戦争が終結すると、それらの知識と施設の一部は一般にも利用できるようになったのです。その際に光合成の研究に使われたのが放射性同位元素でした。

二酸化炭素がある物質になり、それが別の物質になる、という一連の動きを調べようと思った時に、二酸化炭素の炭素の部分に何らかの目印をつけることができれば、その目印を追いかけることにより二酸化炭素の動きを明らかにできます。しかし、炭素というのは一つの原子ですから、別のものを目印としてくっつける、という方法をとることができません。化学的に別の元素なり物質なりをくっつけたら、それはもう二酸化炭素ではなくなってしまいます。そこで、考えられたのが放射性同位元素の利用です。

原子炉の壁には、核反応によって質量数が14の炭素ができます。この^{14}Cはいわゆる放射性同位元素というもので、化学的には炭素なのですが、普通の炭素^{12}C（質量数が12）と違って原子としてより重く、さらに重要なことには一定の割合で「崩壊」という現象を起こして、その際に放射線を出します。放射線自体は目には見えませんが、X線用のフィルムなどを感光させますから、フィルムをしばらく密着させることによってどこに放射性同位元素があるかを検出することができます。つまり、通常の二酸化炭素の代わりに、この^{14}Cを持った二酸化炭素を混ぜておけば、化学反応の進行はそのままでありながら、「今どこにその炭素がいるのか」ということを、放射線を検出することによって追いかけることができるわけです。ただ、実際の実験を植物の葉っぱで行おうとすると実験に時間がかかるので、以下に述べるように単細胞の緑藻であるクロレラが実験に使われました。

クロレラを培養している培養液に^{14}Cを含む二酸化炭素をぶくぶくと通気して、短時間光を当てて光合成をさせてから、細胞を殺して光合成を止め、有機物を抽出してどの化合物に目印である^{14}Cが入ったかを見ます。その際に、光合成をさせる時間をごく短い時間から少しずつ長くして実験を行うことによって、時間的経過も追いかけることができます。つまり、非常に短い時間で目印の入る化合物は二酸化炭素が最初に取り込まれた化合物であり、より長い時間を経て初めて目印が入る化合物は、何段階かの化学反応の結果できた化合物であると考えることができます。アメリカのカルビンたちのグループはこのようにして、二酸化炭素は最初に炭素を３つ含む化合物である３‐ホスホグリセリン酸（ＰＧＡ）という有機酸に固定され、それがさらにより複雑な化合物に変化していく二酸化炭素固定経路を明らかにしたのです。この経路は、発見者の名前をとって**カルビン回路**、またはカルビン・ベンソン回路と呼ばれています。カルビンは、この業績により１９６１年にノーベル化学賞を受賞しました。

さて、このカルビン回路の中身を少し見てみましょう（図５‐１）。先ほど述べましたように、最初の産物は炭素３つを含むＰＧＡだったわけですから、最初の反応は、炭素２つを含む化合物に炭素１つを含む二酸化炭素がくっつく反応であると予想されます。しかし、実は違いました。

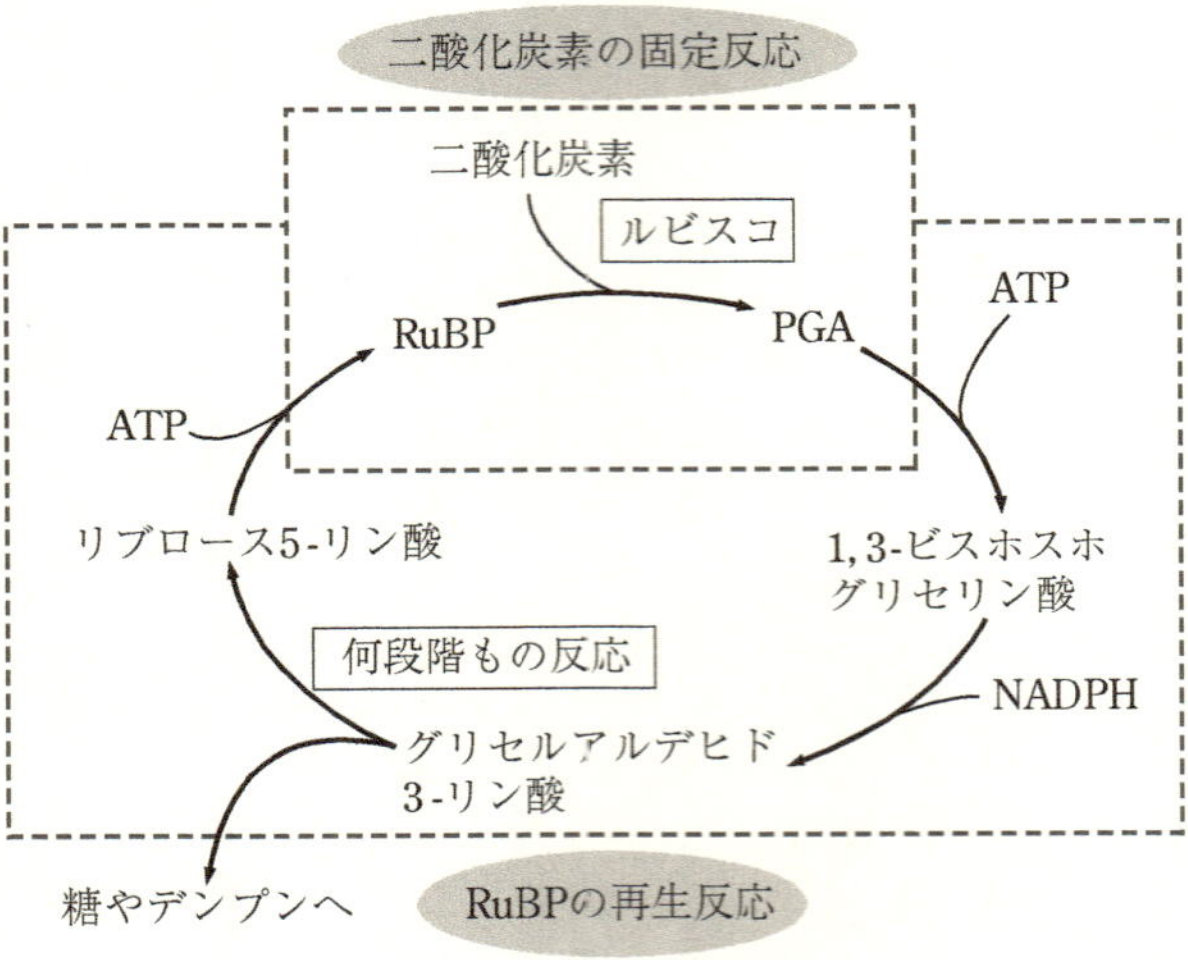

図5-1　二酸化炭素を固定するカルビン回路

実際には、炭素5つを含むリブロース1，5-ビスリン酸（RuBP）という糖（正確にはリン酸がついているので糖リン酸）に炭素がくっつき、これが、PGA2分子になっていたのです。5＋1＝2×3ということですね。この最初の反応を触媒する酵素が、次の節で詳しく紹介する**ルビスコ**です。名前が「回路」となっていることからわかるように、このカルビン回路も、反応が1回転して元に戻るようになっています。ただし一本道ではなく、何ヵ所かで分岐のあるかなり複雑な反応系です。しかし、ここでは細かい点は省き、光エネルギーによって作られたATPと還元力のNADPHがどのように使われるか、という点だけに注目しましょう。

その場合いちばん簡単な見方が、回路をルビスコが触媒する二酸化炭素とＲｕＢＰの反応と、使ったＲｕＢＰを補充する反応に分けることです。前者の反応は狭い意味での二酸化炭素固定反応なのですが、この反応には、ＡＴＰもＮＡＤＰＨも使われません。ＡＴＰとＮＡＤＰＨを必要としているのは、後者のＰＧＡからＲｕＢＰを再生する経路なのです。

実際には、まず最初の産物であるＰＧＡから１，３-ビスホスホグリセリン酸という有機酸を作る際にＡＴＰが使われ、次いで１，３-ビスホスホグリセリン酸をグリセルアルデヒド３-リン酸という糖（トリオースリン酸）に還元するために、ＮＡＤＰＨが使われます。この後いろいろな反応を経て、最後にリブロース５-リン酸という糖からＲｕＢＰを再生する際にＡＴＰが使われます。いわば、カルビン回路の大部分の反応は、ＡＴＰとＮＡＤＰＨを使ってＲｕＢＰを合成してルビスコの触媒する反応のお膳立てをするのが目的である、と言ってもよいでしょう。

このカルビン回路は、基本的に酵素と基質の反応によって進みますから、試験管の中でも、光がなくても進むはずです。ところが実際には、暗いところではカルビン回路は回りません。この理由は、カルビン回路の中のいくつかの酵素が活性の調節を受けていることによります。酵素名が出てきて煩雑になりますが、カルビン回路を形成する十数個の酵素反応の中で、グリセルアルデヒド３-リン酸デヒドロゲナーゼ、フルクトース１，６-ビスホスファターゼ、セドヘプツロース１，７-ビスホスファターゼ、ホスホリブロキナーゼの４つの酵素は、夜間には活性が低下しています。このあたりの意義とメカニズムについては、第8章の「植物の環境応答」の項で説明することにします。

2 ルビスコと光呼吸

前の節で紹介した、RuBPに二酸化炭素をくっつける反応を触媒する酵素がルビスコです。ルビスコ（Rubisco）は、正式名称がリブロース1，5-ビスリン酸カルボキシラーゼ／オキシゲナーゼという長い名前の酵素で、あまりに長いのでルビスコという短い略称が付けられました。この名前はアメリカの食品会社のナビスコをもじったそうです。

このルビスコという酵素は、生命現象を支える数ある酵素の中でもとてつもなく変わった酵素です。普通、酵素と言えば「生体触媒」と言われるぐらいで、わずかな量で反応を進めるのが普通です。ところがルビスコの量は、葉の全タンパク質の約3割を占めるのです。藻類の仲間には、カルボキシソームという構造体を細胞の中に持つものがいますが、このカルボキシソームの主成分はルビスコで、ほとんどルビスコの固まりといってもよいようなものです。実際に、ルビスコは地球上でいちばん存在量の多い酵素だと言われています。

では、なぜそのようにたくさんの量が必要なのでしょうか。これは、ルビスコの酵素にあるまじき活性の低さに原因があるようです。一般の酵素は、1つの触媒部位において基質との反応を

1秒間に100回から1000回行うことができます。ところがルビスコの場合は、1つの触媒部位で二酸化炭素の固定反応は1秒間に3回程度しか起こりません。その遅さは一目瞭然です。しかも、その割に図体は大きいのです。高等植物のルビスコの場合、分子量約5万5000の大型サブユニットが8個と分子量が約1万5000の小型サブユニットが8個で1つの複合体を形成していますから、合計の分子量は56万という巨大複合体です。ただ、大型サブユニット1つに触媒部位を1つ持ちますから、触媒部位あたりの分子量は7万になります。それでもかなり大きいですね。

さらに状況を悪くしているのが、ルビスコが酸素との反応性も持つことです。ルビスコの正式名称の最後の部分はカルボキシラーゼ／オキシゲナーゼということでしたが、カルボキシラーゼは二酸化炭素をくっつける酵素の意味で、オキシゲナーゼは酸素をくっつける酵素の意味です。つまり、二酸化炭素の反応を触媒すると共に、酸素との反応も触媒する二重の機能を持つ酵素なのです。RuBPに二酸化炭素をくっつけると炭素3つを持つPGA2分子になりましたが、RuBPに酸素をくっつけると、PGAと炭素2つを持つ2-ホスホグリコール酸が生じます。PGAの方はカルビン回路でそのまま使えるのですが、2-ホスホグリコール酸の方は使い道がありません。それどころか、この2-ホスホグリコール酸はカルビン回路の酵素の阻害剤になると言われています。

仕方がないので、**光呼吸**という極めて複雑な回路により、PGAに戻してカルビン回路で再利用できるようにするのですが、その反応のためにはエネルギー源としてATPに加え還元力と酸素が必要です。しかも、この過程でRuBPだった炭素の1割は二酸化炭素になってしまいます。光呼吸という名称は、反応の際に酸素を吸収して二酸化炭素を放出するところが、呼吸の反応と似ているために付けられたのですが、呼吸がエネルギーを生み出す反応であるのに対して、光呼吸はエネルギーを消費してしまいます。せっかく光エネルギーを利用して作ったATPと還元力を消費し、さらには固定した炭素の一部を二酸化炭素に戻してしまうのですから、光呼吸は、二酸化炭素を固定する効率という面から見ると、光合成の足を引っ張る反応だということになります。

光呼吸は、実際には、葉緑体、ミトコンドリア、ペルオキシソームという3つの細胞小器官にまたがって起こる十数の反応からなる複雑な回路です。それだけの複雑な仕組みを作って光合成の足を引っ張る理由は何か、という点に関しては、いくつか仮説が提出されました。1つは、「しょうがない」仮説です。ルビスコが二酸化炭素と反応するか、酸素と反応するかは純粋に競争で決まります。二酸化炭素濃度に対して酸素濃度の比率が上がれば光呼吸は大きくなり、酸素の比率が下がれば光呼吸は小さくなります。二酸化炭素固定が出現した当時の地球の大気は、二酸化炭素濃度は高く酸素濃度は低かったはずですから、別に何もしなくても、光呼吸のような反応はほとんど起こらなかったはずです。その時に進化したルビスコが、現代の高い濃度の酸素と反応してしまうのはしょうがないので、せめて酸素との反応の結果できてしまう2-ホスホグリコール酸をPGAに戻すしかない、という説明です。

2番目の仮説は、光呼吸の複雑な経路の途中でできる様々な物質が実は必要なのではないか、というものです。ただ、次の節に述べるC_4植物などは光呼吸をしませんので、この仮説はあまり説得力がありません。

3つ目の仮説は、実は無駄をすることに意味があるというものです。光が強すぎる時など、エネルギーが余って細胞にかえって害が生じそうな場合に、そのエネルギーを無駄に使うことによって細胞を守っていると考えるわけです。光呼吸に必要な酵素の1つであるグルタミン合成酵素をたくさん作る植物では、普通の植物が害を受けるような強い光の下でもうまく育つという実験結果があるので、案外この仮説が正しいのかもしれません。

コラム

ルビスコの先祖

ルビスコは、光合成による二酸化炭素固定にとって必要不可欠な酵素ですから、光合成生物が広く持っているのは当然です。ところが、ルビスコの遺伝子と配列の似た遺伝子をいろいろな生物の中から探してみると、ルビスコとよく似たものが光合成をしないはずの生物にもあることがわかります。奈良先端大学のグループは、このルビスコ類似タンパク質を調べて、これが細胞の中でイオウの代謝に働いていることを見つけました。この発見は、ルビスコの祖先は実はもともと二酸化炭素を固定していたのではなく、全く別の目的に使われていた酵素だった、ということを示しているようです。ルビスコというのは極めて効率の悪い酵素なのですが、それはもしかしたら、無理矢理守備位置を変えさせられた野球の選手のようなものかもしれません。本来の仕事ではないことをやらされているために効率が悪いのでしたら、最初に戻って酵素を設計し直せば、もしかしたら効率のよい二酸化炭素固定酵素を作ることができるのかもしれませんが、現在の生化学の技術では難しいでしょうし、もし可能であったのなら、何億年の生物の歴史の中で既に実現していたようにも思います。ただ、何しろ地球上でいちばん量の多い酵素ですから、ルビスコの機能の改善に向けて少しでも研究を進めることは必要かもしれません。

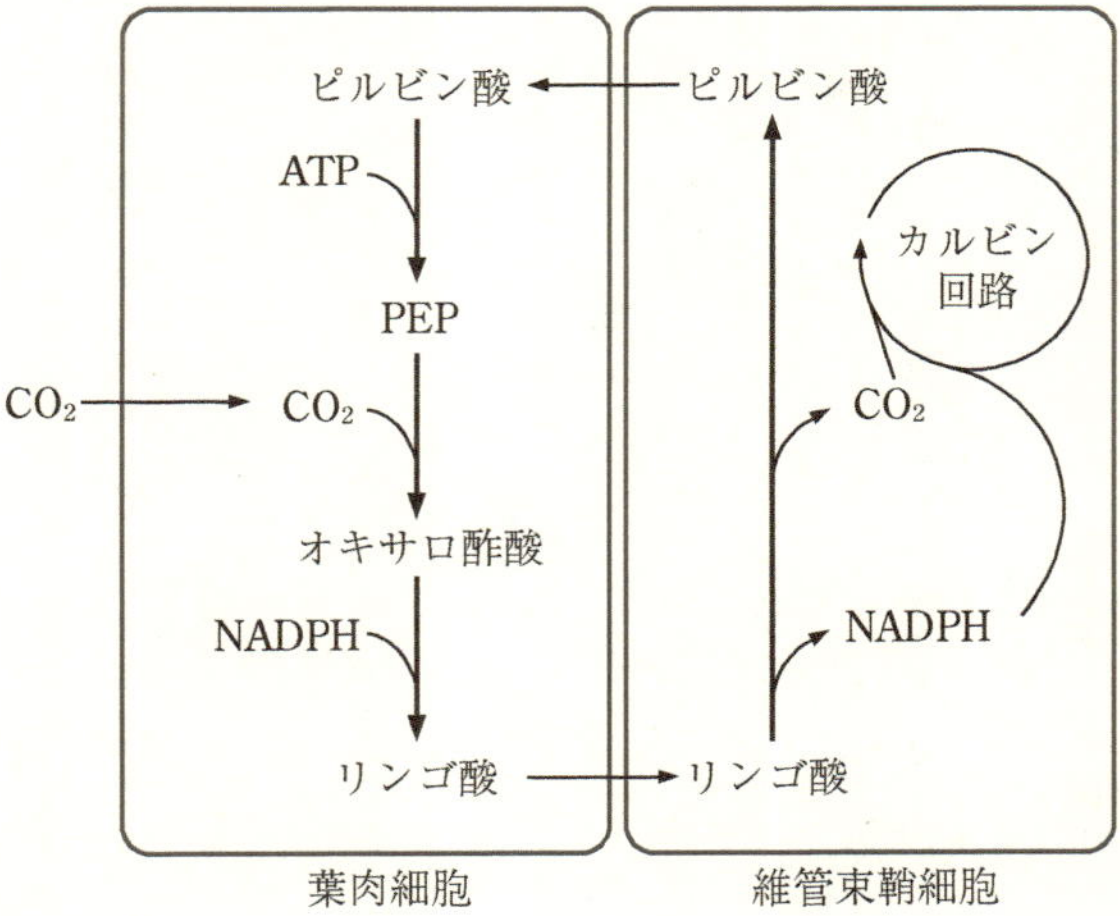

図5-2　C_4（トウモロコシなど）植物の二酸化炭素固定

3　C_4植物

さて、カルビンたちが二酸化炭素の固定経路を明らかにしたあと、世界各地でそのことを確かめる実験が行われました。そして、多くの場合、確かに最初に作られる有機物は炭素3つを含む化合物ＰＧＡであったのですが、それに当てはまらない植物があることがわかってきました。例えば、サトウキビやトウモロコシでは、ＰＧＡの代わりに炭素4つを含む化合物であるオキサロ酢酸が最初の有機物だったのです（図5-2）。これらの植物は、炭素3つの化合物が最初の産物であるC_3植物に対して、C_4植物と呼ばれます。

C_4植物の葉には、光合成に関わる2種類の細胞、葉肉細胞と維管束鞘細胞があります。

そして、このうち葉肉細胞でオキサロ酢酸が合成されます。ここでは、ルビスコの代わりにPEPカルボキシラーゼという酵素が、炭素3つを含む化合物ホスホエノールピルビン酸（PEP）と二酸化炭素の反応を触媒して、オキサロ酢酸を合成します。作られたオキサロ酢酸は、リンゴ酸やアスパラギン酸など（どちらも炭素4つの化合物です）に変えられて維管束鞘細胞に送られます。維管束鞘細胞では、送り込まれた有機酸が、再び炭素3つの化合物と二酸化炭素に分解され、この時放出された二酸化炭素が普通のカルビン回路で糖に固定されることになります。一方、この時できた炭素3つの化合物は葉肉細胞に戻され、ピルビン酸を経てPEPに戻り再び二酸化炭素と反応することになります。

こうして見ると、単に二度手間をしているように見えますし、さらには葉肉細胞でピルビン酸をPEPに戻す際にATPを使うので、2種類の細胞の間で有機酸をぐるぐる回す反応の間に、エネルギーが消費されてしまいます。そのような手間をかけて何の足しになるのかというと、この回路が回ることによって、維管束鞘細胞内に二酸化炭素が濃縮されるのです。つまり、C_4回路というのは「二酸化炭素濃縮機構付きのカルビン回路である」ということが言えます。

二酸化炭素濃縮機構が付いたことによって、C_4植物では光呼吸が抑えられます。前節で紹介したように、ルビスコが二酸化炭素と反応するか、酸素と反応するかは、単に競争によって決まります。ですから、二酸化炭素濃度を相対的に上げてやれば酸素とは反応しなくなり、結果として光呼吸をしなくなるのです。

C_4植物のメリットは光呼吸をしなくなるだけではありません。二酸化炭素を濃縮できるわけですから、葉肉細胞の中の二酸化炭素濃度が低い状態でも、維管束鞘細胞の中の二酸化炭素濃度を上げて光合成をすることができます。ですから、土が乾燥していて水が足りず、葉の気孔を開けると水が蒸散してしおれてしまうような条件でも、気孔をあまり開けずに光合成を続けることができます。この気孔の開閉と蒸散については、次の章で詳しく紹介します。さらには、同じ気孔の開き方であれば、二酸化炭素を濃縮できるC_4植物の方がより少ないルビスコで光合成が可能になりますから、その分の資源をルビスコ以外のタンパク質などに利用することができます。

ただし、よいことばかりではありません。生物の現象はいつでもそうなのですが、全ての面で得をする方法というのは存在しないものです。もしそのような方法があったら、その方法を取り入れた生物はいつでも他の生物に勝つことができますから、最後にはその生物が他の生物を駆逐してしまうでしょう。地球上に多様な生物がいる、ということ自体、万能な方法がないことの証明です。ここで言えば、C_3植物とC_4植物がいる、ということは、便利に見えたC_4型の光合成にも条件によってマイナスになる点がある、ということです。

では、C_4植物の泣き所はどこでしょう？　それは、二酸化炭素の濃縮にエネルギーを使っているという点です。光エネルギーがふんだんに使えてどんどん二酸化炭素を固定できる条件ではC_4植物の効率は極めてよいのですが、例えば、光が弱い、気温が低い、といった二酸化炭素を固定する速度が遅くなるような条件では、エネルギーを使って二酸化炭素を濃縮しても結局引き合わない、ということになってしまいます。実際に、ケニアでC_3植物とC_4植物が出現する割合を異なる場所で調べた研究例があります。それによると、気温が高くて土が乾燥気味の地方ではC_4植物がほとんどであるのに対して、気温が低くて土が十分水を含んでいる地方ではC_3植物が圧倒的に多くなります。というわけで、人によって得意不得意があるように、植物のC_3光合成とC_4光合成も、生育している環境によって得になったり損になったりするのです。

コラム　砂糖の原料を確かめる

砂糖の主な原料はサトウキビとテンサイですが、サトウキビはC_4植物で、テンサイはC_3植物です。サトウキビからとったものであれ、テンサイからとったものであれ、純粋な砂糖になってしまえば化学的性質は全く同じで区別ができません。ただ、炭素の質量という物理的な性質を使うと区別できるのです。世の中の炭素には、質量数（重さ）が12のもの（^{12}C）と13のもの（^{13}C）があります。第1節で触れた^{14}Cは人工的に作られたもので、自然界の炭素には1

００億分の１％程度しか含まれていません。自然界では^{12}Cが99％を占めて、残りがほぼ^{13}Cです。この２つの炭素は化学的な性質は同じですが、実はC_3植物の場合、ルビスコは^{12}Cを含む二酸化炭素を^{13}Cを含む二酸化炭素よりも好んで使うという性質を持っています。つまり、空気中の二酸化炭素に含まれる^{12}Cと^{13}Cの比率に比べて、固定された有機物に含まれる^{12}Cと^{13}Cの比率は変化して、^{13}Cの割合が少なくなります。一方で、C_4（紛らわしいですが、この場合は質量数が４の炭素ではありません）植物の場合は、ＰＥＰカルボキシラーゼで二酸化炭素が固定されますが、こちらはえり好みがそれほど激しくありません。結果として、^{12}Cと^{13}Cの比率を比べるとC_3植物では^{13}Cの割合が大きく減っているのに対して、C_4植物の場合は^{13}Cの割合の減りが少ないことになります。ですから、砂糖の炭素の質量数を物理的な方法で測定して^{12}Cと^{13}Cの比率を出すと、それがサトウキビに由来するものか、それともテンサイから作られたものなのか、を突き止めることができるのです。実際には砂糖の約３／４はサトウキビが原料だという話です。

4　CAM植物

実は、最初に二酸化炭素が固定される有機物が炭素４つを含むオキサロ酢酸である植物は、C_4植物だけではありません。ＣＡＭ植物と呼ばれる一群の植物でも、やはりオキサロ酢酸が最初の

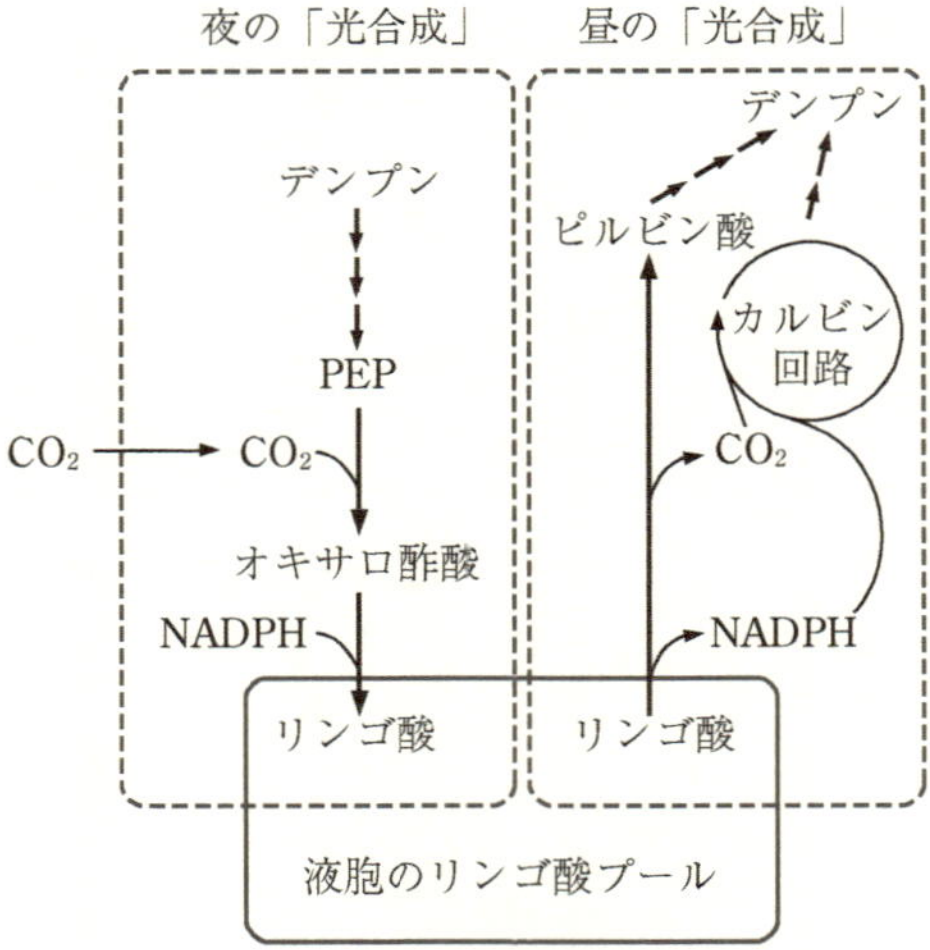

図5-3　CAM植物の二酸化炭素固定

産物となります。ところが、このＣＡＭ植物は、C_3植物ともC_4植物とも違う面白い光合成をします。ＰＥＰカルボキシラーゼによって二酸化炭素をＰＥＰにくっつけてオキサロ酢酸を作り、それをリンゴ酸にするところまではC_4植物にそっくりなのですが、この反応を夜の間に行います。そして、できたリンゴ酸は細胞内の液胞に運び入れて朝まで取っておくのです。朝になって日が差し始めると、リンゴ酸を液胞から運び出し再び炭素3つの化合物と二酸化炭素に変えます。そして、できた二酸化炭素をカルビン回路によって最終的に有機物へと固定するのです（図5-3）。通常、C_3植物なら昼間に二酸化炭素を取り込んで、それを光のエネルギーによって作ったＡＴＰとＮＡＤＰＨによって有機物へと固定します。しかし、ＣＡＭ植物では、二酸化炭素のC_4化合物への固定は夜間に行われます。夜に気孔を開いて二酸化炭素を取り込んでおくわけです。しかし、夜は当然暗いので、ＡＴＰとＮＡＤＰＨを作ることができませんから、最終的に糖の形にまではすることができません。そこで、液胞に貯めておいて、朝を待つわけです。そして昼間はむしろ気孔を閉じておいて、液胞から供給されるリンゴ酸を分解することにより二酸化炭素を作ります。

ＣＡＭ植物の仲間には、いわゆる多肉植物が多く見られます。サボテンなどの多肉植物は、乾燥した土地に適応していて、水分が失われないような形をしています。しかし、それでも日中の気温が高くて湿度が低い時に気孔を開いて二酸化炭素を取り込もうとすると、あっという間に体内の水分が失われてしまいます。そこで、ＣＡＭ型光合成の出番です。水分が失われやすい昼間には気孔を閉じておいて、液胞からのリンゴ酸で二酸化炭素をまかないます。そして、夜になって気温が低くなり湿度が上がったところで、気孔を開けて二酸化炭素を取り込んでリンゴ酸の形で貯め込むわけです。したがってＣＡＭ型の光合成は、乾燥に対する巧妙な戦略であると考えることができます。ＣＡＭ植物の代謝経路を見ると、何やら出てくる役者はC_4植物の場合とよく似ています。言わば、C_4植物が葉肉細胞と維管束鞘細胞という2つの異なる空間を利用していたのに対して、ＣＡＭ植物は昼と夜という2つの異なる時間を使い分けている、と言えるでしょう。

最後に一つ疑問を。まだ昼が続いているのに液胞内のリンゴ酸を使い切ってしまったらどうするのでしょう？　答えは、おそらく植物種によっても環境によっても違うと思いますが、少なくとも一部の植物では気孔を開いてC_3型の光合成を始めるようです。つまり、ＣＡＭ植物だからといってC_3型の光合成をすることが不可能なわけではない、ということです。C_3、C_4、ＣＡＭを行き来する植物もあり、これについては以下のコラムで紹介します。

コラム　C_4やCAMとC_3を行き来する植物

トウモロコシはC_4植物である、という言い方をすると、これらの光合成の型は植物の種によって固定しているように思われるかもしれませんが、実際には環境条件によって変化する種もあることが知られています。例えば、*Eleocharis vivipara*という水草は、水中でも空気中でも生育することができるのですが、水中で生育している時にはC_3型の光合成をして、空気中で生育する時にはC_4型の光合成をします。水の中では光が弱く、その代わり乾燥ストレスを受ける心配はないことを考えるとC_4型の光合成をしても意味がないですから、環境にうまく順化して光合成を切り替えている、ということが言えるでしょう。

３節では触れませんでしたが、C_3植物とC_4植物では、代謝の経路だけでなく組織の構造も少し異なっていて、C_4植物の葉の断面を見るとクランツ構造と呼ばれる独特の構造があります。*Eleocharis vivipara* では環境に応じて、この構造までもが変化することがわかっています。また、普通はC_3型の光合成を行うアイスプラントと呼ばれる植物では、土壌中の塩濃度が上がる（このようなストレスは塩ストレスと呼ばれます）とＣＡＭ型の光合成を始めることが知られています。これも、塩濃度が上がると水分の吸収が難しくなることを考えると、塩ストレスがかかっている時には、乾燥ストレスに強いＣＡＭ型の光合成を行うことには意味があることが予想できます。ちなみに、このアイスプラントは塩ストレス下でも生育可能で、細胞内にもある程度の塩を貯めるので、最初から塩味のする野菜として、最近売り出し中です。

第6章　水と光合成産物の輸送

1　気孔と水の蒸散

せっかく前の章の最後で、気孔の話が出てきましたから、ここで気孔を通しての空気と水（水蒸気）の動きについて少し考えてみましょう。10㎝四方の大きさ（つまり100㎠）の光合成能力の高い葉っぱがあったとして、これが比較的盛んに光合成をするとしますと、1時間に50㎎ぐらいの二酸化炭素を有機物に変えることができます。この二酸化炭素の量は、通常の状態で25mLぐらいに相当します。空気中の二酸化炭素の濃度は、今はだいぶ上がってきましたが、それでも0・04%以下ですから、25mLの二酸化炭素は、だいたい60L以上の空気に相当します。ですから、この葉っぱでは1時間の内に最低でも60Lの空気が気孔を通して外気と交換される必要があるわけです（実際にはガスの交換は拡散によって行われ、空気自体が流れるわけではないので、二酸化炭素の交換速度と酸素や窒素の交換速度は同じではありません）。

ここで問題になるのは、水の蒸発です。葉の中はいわば「濡れた」細胞がつまっていますから、湿度はほぼ100%です。外の空気の湿度はさまざまですが、いずれにせよ100%よりは低いことが多いですから、二酸化炭素を取り入れようとすれば水が蒸発して失われていきます。このような水の蒸発を**蒸散**と言います。既に見たように、盛んに光合成をする葉では、蒸散の量も馬鹿になりません。先ほどの10㎝四方の葉っぱは1時間に4～5gの水を失うことになります。植物の種類にもよりますが、10㎝四方の葉に含まれる水の量は1g程度ですから、葉の中の水分は1時間に4回も5回も入れ替わっている計算になります。ということは、気孔を開いている状態では根から水がどんどん供給されない限り、葉の中の水分はすぐに失われてしまうことになります。

水は蒸散によって失われるだけではありません。光合成では、水を分解して酸素を発生します。ですから、酸素を発生する光合成の反応には水の存在が不可欠です。では、光合成の反応によって、どのくらいの量の水が分解されているのでしょうか。先ほどの10㎝四方の葉っぱが盛んに光合成をしている時に、分解される水の量は1時間に20㎎ぐらいです。つまり、葉の中の水分量は1時間に蒸散する水の量の20～25％程度であり、さらにその中で光合成によって分解される水の量はわずか0・4～0・5％ということになります。

「植物の生育に水が必要な理由は何でしょう?」という質問をすると、たまに「光合成の反応には水が基質として必要だから」という答えが返ってくることがあります。この答えは、全くの間違い、というわけではありませんが、実際には光合成によって分解される水の量は、蒸散によって失われる水の量に比べたら微々たるものです。光合成で分解するのに必要なわずかな水が足りないような条件では、植物はそもそもしおれてしまって生育などとてもできないでしょう。というわけで、光合成をしようとして気孔を開くと蒸発してしまう水分の補給が、植物にとっては主な水の使い道である、ということになります。

では、蒸散には何か積極的な意味があるのでしょうか？　高校の教科書には時々、「夏の暑い時に水を蒸発させて気化熱として熱を逃がして葉の温度を下げるために蒸散を行う」と書いてある場合があります。確かに庭に水を打つと涼しくなり、夏にはイヌが舌を出して息をしていることからもわかるように、水が蒸発する場合には熱が奪われますから、蒸散によって葉の温度は下がります。これは、もちろん植物にとって悪いことではないのですが、「温度を下げるために」というのはやや言い過ぎかもしれません。

例えば、空気中の二酸化炭素濃度を人工的に増やすと、気孔をあまり開けなくても光合成に必要な二酸化炭素を取り込むことができます。植物をそのような状態に置くと、葉の気孔は閉じ気味になり、葉の温度は上昇します。このことを考えると、植物にとっては葉の温度が上がってしまうことよりは、どうも水を失うことの方がより痛手だということなのでしょう。ＣＡＭ植物のところで見たように、暑い砂漠の植物では、昼間に気孔を閉じるようなメカニズムを発達させていることからも、それがうかがえます。水は生命の基礎であるということでしょう。

ただし、蒸散がまったく起こらなくてもよいのか、というとそうでもないようです。気孔を閉じた場合でも、空気が乾燥していれば蒸散は0になるわけではありません。蒸散がなくなるいちばん簡単な条件は、湿度を100％にすることです。その場合には当然水は蒸発しませんから、蒸散は起こらなくなります。そのような状態では植物の生育が悪くなることが知られていますから、いくら水が大切といっても、ある程度の蒸散は植物に必須であると考えることができます。実際に、第3節で触れるように、植物ホルモンの一部は導管の水の流れに乗って運ばれることが知られています。

コラム　昼寝現象

よく晴れた一日の光合成がどのように変化するかを見ると、夜の間は光合成をせず、日が昇ると光合成を始め、いちばん日差しが強くなる日中に最大に達したあと、日が沈むにつれて光合成が低下し、夜に入って再び光合成をしなくなるのが普通です。ところが土が乾燥しているような条件では、光合成は朝方に上がったあと、真昼にいったん低下し、夕方にもう一度上がる、という2つ山の変化を示すことがあります。これは、真昼に光合成が低下するので「昼寝現象」と呼ばれています。光合成には、光と二酸化炭素と水が必要です。光合成の基質としての水が不足することはほぼありませんが、水がなくなると気孔が閉じるので、二酸化炭素も不足することになります。ですから、たとえ光が当たっていても、気孔が閉じる条件では、光合成はできなくなることが予想されます。真昼には気温が高くなりますから、相対湿度はいちばん低くなります。土壌が乾燥しているような条件で空気が乾燥すると気孔が閉じてしまうため、真昼に光合成が低下する、というのが昼寝現象が引き起こされるメカニズムです。土が乾燥している時に見られる昼寝現象は、気孔からの二酸化炭素の取り込みが光合成にとって重要であることの直接の証明であると言えるでしょう。

2　水の輸送と導管

導管というのは茎や幹に開いた、いわば穴です。導管はもともとその部分に細胞がないために穴になるのではなく、導管になるべき細胞が一種の「自殺」をして、中身がなくなって上下がつながることにより穴ができるという面白い成り立ちを持っています。ですから、導管の壁は、もともと細胞の壁だった部分がそのまま（というか、実際には補強されて）使われることになります。導管の中の水の動きを考える上で頭に置いておかなくてはいけないのは、普通、上から液体を引っ張っても、液体がのぼる高さには限度がある、ということです。

有名なトリチェリの実験というのがあります。一方の端を閉じた長いガラスの管に水銀を詰めて水銀の入った容器の上で図6-1のように管を徐々に立てていくと、水銀の高さが約76㎝になると、それ以上は水銀が上がらなくなり、管の上部は真空になってしまいます。これは、大気が容器の水銀を押す圧力と、管の中の水銀が重さによって下がろうとする圧力が釣り合う点まで、水銀が上昇することによります。

水銀の場合は、比重が大きいので76㎝までしか上がりませんが、同じ実験を水で行うと、10m程度まで上がることが予想されます。逆に言うと、管の中の水を上から真空ポンプか何かで引っ張っても、10m以上に上げることはできない、ということになります。ところが背の高い木の場合、10mを越す高さになることは珍しくありません。では、どうして水が10m以上まで上がるのでしょうか？

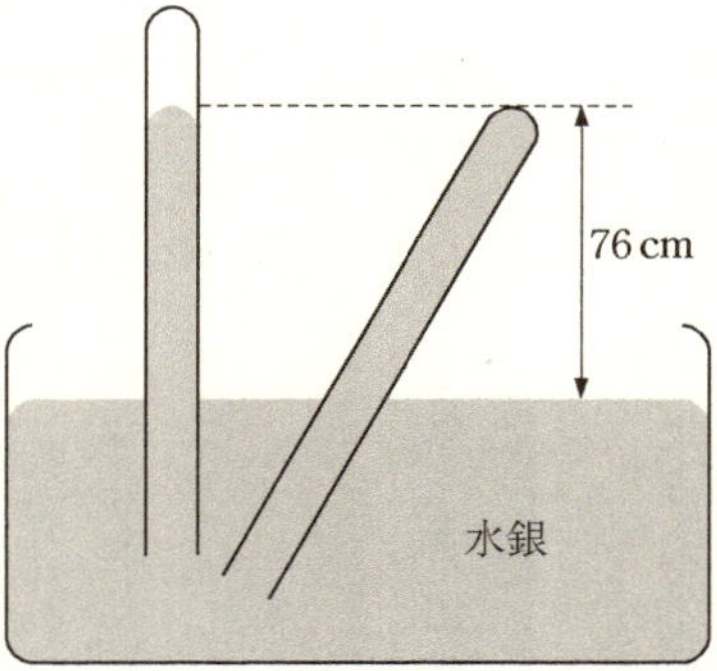

図6-1　トリチェリの実験

実際には、水の表面張力（凝集力）が働いているのです。水には、なるべくお互いに集まろうとする性質があります。別の言葉で言えば、なるべく表面積の小さな状態になろうとします。無重力状態の宇宙船の中で、水が玉になって宙に浮いている映像を見たことはありませんか。同じ体積でいちばん表面積の小さな形、というのは球ですから、無重力状態で水が球になるのも表面積をなるべく小さくしようという性質の結果として説明できます。このなるべく新しい表面を作るまいとする力を凝集力とか表面張力などといいます。水のつまった管をトリチェリの実験と同じように立てた場合、最初は水が上までつまっているので、水には容器と接触している部分以外には「表面」がありません。しかし、水の高さが10ｍを越して上に真空ができると、表面が新たに出現することになります。この場合、表面張力の立場からすると、最初の状態の方が安定で、新たに表面を作るためにはエネルギーが必要になります。そうすると、高さが10ｍ以上になっても、表面張力の分のエネルギーを打ち消す高さになるまでは水の柱は切れないことになります。このようにして水の新たな表面を作るまいとする表面張力の力を借りて、植物は水を10ｍを超えてくみ上げることができるのです。表面張力が関わる水の振る舞いには毛細管現象もありますが、毛細管現象によって導管の中を水が上がるわけではないので、注意が必要です。

さて、蒸散によって失われた水は、導管を通して根から補給されます。水の補給が足りなければ、植物はしおれてしまいます。からからの乾燥地域であれば、根で水分を吸収する部分がいちばんの問題になりますが、日本のように比較的雨の多い地域では、むしろ導管の部分で、いかに効率よく水を運ぶかが問題となります。では、どうしたら導管で運べる水の量を多くすることができるでしょうか。いちばん簡単なのは、導管を太くすることです。ただ、茎や幹は導管の部分で水を輸送する他にも、植物が倒れないように物理的に支えるという役割があります。つる植物は、他の植物に寄りかかって生きていけるので、一般に他の植物に比べて茎で物理的に支える必要性が少なくなるせいか、導管の太いものが多いようですが、普通の植物では導管の断面積を増やすといっても限度があります。では、断面積が同じなら通る水の量は同じか、というとそうでもありません。「ポアズイユの法則」という流体力学の法則があるのですが、これによると円筒形の管の中を流れる液体の流量はその管の半径の4乗に比例します。小学校の算数を思い出していただくと、管の断面積は半径の2乗に比例するはずですから、管の半径を増やしていくと断面積が増える以上の速度で流れる量が増えていくことになります。つまり、言葉を替えれば、管の合計の断面積が同じであれば、細い管をたくさん作るより、太い管を少しだけ作った方がたくさんの水を流すことができる、ということになります。

では、植物の導管は、みな太いかというとそうでもありません。特に、北の地方に生える常緑の広葉樹では導管が細い傾向が見られます。これはどうも、冬の間の導管液の凍結がポイントになるようです。水が凍ると中に溶けていた空気が泡を作ることがありますが、導管液の場合も同じことが起こります。先ほどの議論を思い出していただくと、新しい表面を作らないというエネルギーを使って10m以上に水を持ち上げるわけですから、泡が集まって導管の水がどこかで途切れ新しい表面ができてしまうと、それ以降は水を持ち上げることができません。ところが、この泡によって水が持ち上げられなくなるという現象は、導管が細いと起こりにくい、ということがあるのです。ですから、導管液が凍結するような温度を経験する北の地方では導管を細くし、一方でその心配のない南の地方では導管を太くして気孔を開いて盛んに光合成できるようにする、というのが植物にとって最適の戦略です。

3 光合成産物の輸送と篩管

水は導管によって運ばれますが、植物にとっては光合成の産物を運ぶことも重要です。例えば根は光合成をしませんから、根の細胞で必要なエネルギーは他の組織から運んだ光合成産物を呼吸で分解することによって得ることになります。このように、光合成の産物を一つの組織から他の組織へ運ぶことを**転流**と言います。カルビン回路では5章で見たように、二酸化炭素がトリオースリン酸（グリセルアルデヒド3-リン酸）という炭素3つを含む糖に固定されます。この糖をすぐに使わない時には、デンプンの形に変えて葉緑体の中に貯めておきます。デンプンは炭素6つを含む糖がお互いにつながったものですから、葉緑体の中では、まずトリオースリン酸が炭素6つの糖に変えられ、次にそれらが重合して、つまりお互いにつなぎ合わされて、デンプンになります。ですから、小中学校などでは、光合成の産物を検出するためにヨウ素の色の変化を使うヨウ素デンプン反応の実験がよく行われます。

一方、葉から他の組織へと光合成産物を転流させる場合は、まずトリオースリン酸の形で葉緑体からサイトゾルへ運び出されます。この際、トリオースリン酸を運び出すために特別な輸送体タンパク質が葉緑体の膜で働いていて、1個のトリオースリン酸を運び出すたびに1個のリン酸を運び込みます。トリオースリン酸は炭素と酸素と水素とリンからなる物質です。これらのうち、炭素、酸素、水素は、光合成の過程で水と二酸化炭素を原料にするので手に入りますが、リンだけは別に吸収しなくてはなりません。ですから、トリオースリン酸を葉緑体から運び出すだけでは、いずれ葉緑体の中のリンがなくなってしまうので、トリオースリン酸と交換する形でリン酸を取り入れているというのは合理的でしょう。

さて話を元に戻して、サイトゾルに運び出されたトリオースリン酸は、まず炭素6個を含む糖に変えられ、次いでショ糖リン酸合成酵素という酵素の働きで、ショ糖に変えられます。ショ糖というのは、炭素6個の糖が2つつながった形をしています。種類にもよりますが、多くの植物では光合成産物を転流する場合には、このショ糖の形で輸送します。そして、ショ糖を輸送する際には、導管ではなく篩管という別の管を使います。ここで考えなくてはいけないのは、どのようにして、篩管の中を動かすかということです。

血管の血液の場合は、心臓が血液を動かす役割を果たしますが、植物には心臓はありませんから、中の液体を動かす何らかの力が別に必要です。導管の場合は、葉で蒸散することによって葉から水が失われ、それを補充する形で導管の中に水の流れが生じます。しかし、篩管ではそのようなわけにはいきません。そこで使うのが浸透圧です。子供の頃にナメクジに塩をかけたことがある人にはわかると思いますが、水には塩の濃度が高いところに移動する性質があります。実は、これは塩である必要はなくて、砂糖でも同じことが起こります。葉の部分の篩管にエネルギーを使って光合成の結果できたショ糖を送り込むと、そこへ水が移動します。一方で、光合成産物を必要とする、例えば根の篩管でショ糖を細胞へ取り出すと、浸透圧によって篩管の中の水分も外へ出ることになります。結果として、葉から根への篩管液の流れが生じることになります(図6-2)。このような仕組みは、圧流説といって1930年頃に唱えられた古い説なのですが、その基本的メカニズムは現在の目から見ても正しいようです。

さて、導管の流れは蒸散によって起こり、篩管の流れは浸透圧によって起こるわけですが、結果として流れの方向に大きな違いが生じます。水の蒸散は葉で起こる一方、水の吸い上げは根で行われますから、導管の流れは常に根から葉へと一方通行です。ところが篩管では、光合成産物を篩管に入れる場所から光合成産物を取り出すところへと流れますから、場合によって方向が変

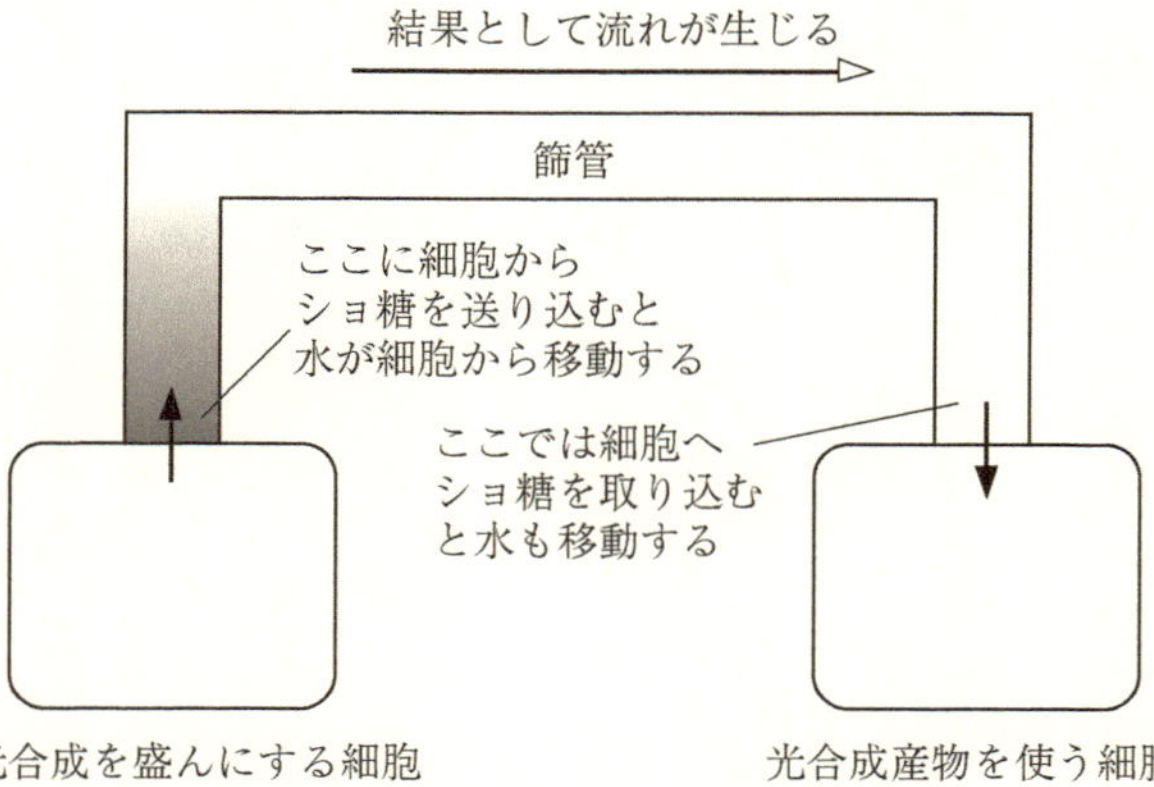
結果として流れが生じる
篩管
ここに細胞から
ショ糖を送り込むと
水が細胞から移動する
ここでは細胞へ
ショ糖を取り込む
と水も移動する
光合成を盛んにする細胞
光合成産物を使う細胞

図6-2　篩管液が流れる仕組み

わります。例えば出たばかりのほんの小さな葉は自分ではまだあまり光合成ができない一方、大きくなるためのエネルギーを必要としますから、光合成産物を他の器官から取り込む必要があり、その場合は他の器官から小さな葉へと篩管液は流れます。ところが葉が大きくなると、葉を作るためのエネルギーはそれほど必要でなくなる一方、光合成で稼ぐことができるようになるので、むしろ稼いだ光合成産物を他の器官へ送り出すようになります。そうすると、篩管液はその葉から別の器官へと流れる方向を変えることになります。

篩管や導管は、実は植物の細胞の状態などを制御する植物ホルモンの輸送にも使われているのですが、その輸送に篩管を使うのか導管を使うのかは、ここで述べた流れの方向性が重要な意味を持ってきます。アブシシン酸という乾燥して水が足りなくなった時に葉の気孔を閉じさせる植物ホルモンがありますが、これは根で合成されて導管を通って葉に運ばれます。土が乾燥しているかどうかを調べるには根の細胞がいちばん良いでしょうし、気孔は葉にありますから、乾燥に応答して合成されるアブシシン酸が運ばれる方向は、いつも根から葉へという方向でしょう。とすれば、導管を使うのは理にかなっています。

一方、オーキシンという細胞分裂を盛んにする働きのある植物ホルモンは、細胞の中を一定方向に輸送される場合もありますが、成熟した葉で作られて篩管で輸送される場合もあります。篩管で輸送される場合には、どこに運ばれるかは、どこで光合成産物が消費されるかによります。光合成産物は出たばかりの小さな葉など、これから組織を作っていく場所で使われますから、そのような場所へと細胞分裂を盛んにするオーキシンが運ばれることは理にかなっているでしょう。アブシシン酸が導管で運ばれる一方、オーキシンは篩管で運ばれる理由は、このようなところにあると考えることができます。

コラム

ヨウ素デンプン反応が使えない植物

ヨウ素デンプン反応は、簡便に使える光合成の測定方法として人気があります。ヨウ素デンプン反応が見られた場合は、光合成をしているだろう、という判断をするわけですが、これはまあ正しい判断だと言ってよいでしょう。しかしその逆、「ヨウ素デンプン反応が見られない場合は、光合成をしていない」とは、必ずしも言えません。それはなぜかというと、植物が光合成産物として必ずデンプンを貯めるとは限らないからです。確かに、多くの植物ではデンプンの形で光合成産物を蓄えるのですが、一部の植物、例えばイネ科の植物の多くはショ糖の形で光合成産物を蓄えます。デンプンを貯める植物の葉をデンプン葉、糖を貯める植物の葉を糖葉という呼び方もあるようです。糖葉は、タマネギ、ユリや、多くのイネ科の植物に見られます。当然のことながら、これらの糖葉でいくらヨウ素デンプン反応の実験を行っても何も出ない、もしくは反応が薄い、ということになります。

光合成の生化学的な研究においては、実はこのデンプンは大敵でした。デンプン葉の場合は、葉緑体の中に大きなデンプンの粒を貯めます。そのような状態で、細胞を壊して葉緑体を取り出すために機械的な刺激を与えると、デンプンの粒が葉緑体の包膜を突き破ってしまうため、うまく葉緑体をそのままの形で取り出すことができないのです。どうしてもデンプンを貯めるような植物から葉緑体を取り出したい場合は、葉を半日ほど暗い場所に置いてから葉緑体を取り出します。そうすると、葉緑体のデンプンは分解されて他の組織に移動するので、葉緑体が壊れる可能性が少なくなるというわけです。

第7章　光合成の効率と速度

僕のところには、「植物の光合成の効率はどのくらいですか？」とか、「1つの鉢植えは、1日にどのくらいの二酸化炭素を吸収しますか？」といった質問がたくさん寄せられます。おそらく、この本をここまで読んでくださった方々には、このような質問に答えることはほとんど不可能だ、ということがおわかりだと思います。光合成の速度にしても、効率にしても、環境条件によってさまざまに調節されるので、同じ植物であっても一定ではないし、C_3植物とC_4植物では光合成のやり方自体が違うわけです。ですから、そのような質問に対する正直な答えは、「わかりません」ということになるのですが、それではあまりにも素っ気ないので、いくつかの仮定を置いて考えてみます。

1　光合成の効率

暗いところに植物の葉が置いてあって、そこへ光子が1個吸収されたとします。光というものは不思議なもので、その振る舞いは粒子のようでもあり、波のようでもあるのですが、ここでは光を粒子ととらえて、その1粒がクロロフィルに吸収されたと考えるわけです。その場合に、第4章3節で見たような光合成反応中心での電荷分離が起こる効率を計算すると、96％以上になるといわれています。光子が1個吸収されたら「必ず」電荷分離が起こるわけです。その意味では、光合成というのは非常に高い効率を持ったエネルギー変換システムです。太陽電池などでも、光が吸収されて電荷分離が起こるわけですが、とてもとても１００％というわけにはいきません。

では、そもそも光が葉に当たった時に吸収される効率はどの程度でしょうか？　ある程度の厚みのある葉っぱでは、赤や青の色の光では、ほぼ１００％の光が吸収されますし、吸収効率の低い緑の光でも80％程度の光が吸収されます。もちろん葉の厚みなどによっても異なりますが、基本的には光の吸収効率は90％以上と考えてよいでしょう。とすれば、電荷分離の効率はほぼ１００％なわけですから、当たった光の90％は電荷分離を引き起こすことになります。

さて、ここまでは光合成というのはいかにも効率が高く感じられますが、ここで考えていたのはあくまで1つの光子で何回の反応が起こるか、という回数の効率です。実際にエネルギーのどれだけが使われたか、ということになると、また話が少し異なります。第3章3節の「色素と光の吸収」で述べたように、青い光と赤い光では、同じ1個の光子でも持っているエネルギーが違います。青い光の方が赤い光よりも、より多くのエネルギーを持っているわけです。しかし、青い光であれ赤い光であれ、1個の光子で引き起こされる光合成の反応に違いはありません。つまり、青い光のエネルギーが持っている余分のエネルギーは無駄になることになります。ですから、エネルギーで考えると、赤い光を当てて光合成をさせた方が効率が高いことになります。

さらに一般的な化学反応を考えた場合、エネルギーの効率が高いということは、良いことばかりではありません。エネルギーの損失のない反応は逆にも進むので、それだけでは一定の方向に反応が進まないのです。電荷分離の場合も同様で、元に戻ろうとする電子を「馬の鼻面にニンジン」方式で電子を受け取る相手を次々に並べることによって引き離す仕組みについては、第4章3節で触れました。このようにすれば、電子は元に戻らずに進みますが、受け渡しのたびに少しずつエネルギーを損することになります。

実際にどの程度のエネルギー効率になるかを計算してみましょう。光のエネルギーの方は、ぎりぎり光合成を駆動できる赤い光（波長を680nmとしましょう）と考えると、1モルの光子は176kJのエネルギーを持ちます（66ページ参照）。一方で、1モルの二酸化炭素を糖に固定するのに必要なエネルギーは475kJです。つまり、エネルギーの効率が100%であれば、176 kJ × 3 = 528 kJ > 475 kJ ですから、光子3つで二酸化炭素1分子を固定できる計算になります。しかし、実際には酸素1分子の発生には光化学系Ⅱで4つの光子が必要ですし、系Ⅱから流れてくる電子は系Ⅰを通るわけなので、そこでも4つの光子が必要となります。つまり、実際には8光子分のエネルギー、すなわち 176 kJ × 8 = 1408 kJ のエネルギーが投入されて、できてくる有機物のエネルギーは４７５kJですから、効率は 475/1408 ≒ 0.337 というわけで、約34％という計算になります。これが、光合成の効率の言わば理論的な最大値となります。

ついでに残りの66％のエネルギーの行方を少しだけ追跡しておきましょう。光のエネルギーはエネルギー変換によってＡＴＰとＮＡＤＰＨという形の化学エネルギーになります。ここで、８個の光子が３分子のＡＴＰと２分子のＮＡＤＰＨを作ると仮定すると、その合計エネルギーは５２８kJになります。つまり、この段階で効率は、528/1408 ≒ 0.375 となりますから、約38％という計算です。つまり、この段階で既に62％と、先ほどの66％の大部分のエネルギーが失われていて、これは、電子伝達が元に戻らないための必要経費ということになります。一方で、化学的エネルギーから二酸化炭素の固定の段階での効率は 475/528 ≒ 0.9 と90％になり、効率は非常に高いことがわかります（ただし、実際の条件は化学が仮定する標準状態とは異なるので、それを考慮すると効率は80％程度になると言われています）。これに対応して、カルビン回路の多くの反応は可逆反応になっています。

さて、これでおおざっぱな効率がわかりましたが、実は、光合成はこの効率でいつも働いているわけではありません。弱い光では効率よく進む光合成の反応も、光が強くなってくると話が違ってきます。もちろん最初のうちは光を強くすると光合成の速度も上がるので、効率はさほど下がりませんが、もっと光が強くなると電子伝達や二酸化炭素固定の速度が追いつかなくなるので、光が強くなったほどは光合成の速度は上がりません。つまり効率は下がることになります。

一日のうち光の強さは朝から晩まで変化していきますから、光合成の効率自体も刻々と変化しているはずです。さらに、実際にどれだけの有機物が植物によって作られるか、という観点に立つと、夜間の呼吸による損失なども考慮に入れる必要が出てきます。そうなると、理論的な計算などははなから無理なので、個々の環境条件や植物種によって何とも言えません。まあ極めておおざっぱに言うと、光のエネルギーのうち野外の植物によって有機物に変換される効率は、最大でも5％程度のようです。残りのエネルギーは、人間が農作物を育てるという観点からすると「無駄になるエネルギー」に見えるかもしれません。しかしもちろん、それらのエネルギーには、そもそも光が強すぎて無駄になる部分もあります。ですから、これらの「無駄」も、植物にとっては「必要経費」と考えるべきでしょう。

2　光合成の速度

次に、効率ではなく、速度を考えてみましょう。その前に、念のために確認です。「速度」という言葉は、ものが移動する速さを示す時によく使われますが、より一般的には、時間あたりの変化量を示します。その中で、変化する量が距離である場合が、自動車の速度といった時の速度の意味にあたるわけです。

光合成の速度という場合には、一定時間あたりに固定された二酸化炭素の量、もしくは発生した酸素の量として表すのが普通です。その場合、大きい植物はその分だけ固定する二酸化炭素も多いでしょうから、葉の場合だったら面積あたりで示し、葉緑体などの光合成速度の場合はクロロフィルの量あたりで示します。ですから、効率の場合は単位というものは特になくて、強いて言えば％で示すわけですが、速度の場合は、葉だと$mgCO_2/dm^2/hr$といった単位になります。これは10㎝（＝1dm）四方の葉が1時間に何㎎の二酸化炭素を固定するか、という単位ですが、重さの代わりにモル数で示して、$\mu molCO_2/m^2/s$という単位の方が現在はよく使われます。さて、このような単位で、いろいろな植物の光合成速度を見てみましょう。

光合成の速度は、環境によって変わってしまうので、ここでは、普通の大気条件において、温度はその植物が最も好む温度にし、十分な光を当てて、いちばん元気の良い葉の光合成速度を測ることにします。そうやって比較した値が『光合成と物質生産』（宮地重遠他編）という本にまとめられているのを見ると、植物の中で最も高い光合成速度を示すのは、トウモロコシ、サトウキビ、オヒシバ、牧草のバーミューダグラスやジョンソングラスといったC_4植物の仲間で、トウモロコシやサトウキビの中で光合成の高い品種は、先ほどの$\mu molCO_2/m^2/s$という単位で50を超えます。ただし、特に栽培植物の場合は、例えば同じトウモロコシでも品種による差が大きく、光合成速度が低いものでは12程度のものまであります。一方で、イネなどを含む草本のC_3植物の場合は、C_4植物よりは一般に低めで、ヒマワリ、ワタ、イネなどの光合成が高い品種で30程度の値を示しますが、ジャガイモ、トマト、キュウリなどは15前後、アサガオが約10です。最近、「ケナフが高い光合成を示すと聞きましたが」という質問を時々受けるのですが、２００２年に報告された値を見ると同じ単位で約25ですから、C_3植物としては高めではありますが、イネなどと似たようなレベルですので、騒ぐほどのことはないようです。

同じC_3植物でも木本になると、ぐっと光合成速度が落ちます。比較的高いポプラとかクワでも約10、サクラ、モモ、ミカンが8程度、クリやコーヒーで約4、といった具合です。木本の光合成速度が低い理由にはいくつかありますが、そのうちの一つは葉の構造です。

木と草では、生きていく上で目指すところが違っていて、草は短期間に葉を作り、言わば使い捨ての葉で高い光合成を目指します。一方で、木の場合は、１枚の葉を場合によっては何年も使いますから、簡単に虫に食べられたりしないように厚くて硬い葉にして、長持ちをさせることによって葉を作るのにかかったコストを回収するわけです。ところが、丈夫な葉にしようとして細胞壁を厚くすると、光合成の基質である二酸化炭素が通りにくくなり、結果として光合成速度が低くなってしまうらしいことがわかってきました。なお、ＣＡＭ植物も非常に光合成速度が低く、木本よりさらに低い場合が多いようです。これはＣＡＭ植物の場合、第５章で見たように、光合成の基質として必要な二酸化炭素は液胞の中に貯めている有機酸から作り出すしかないことによるのでしょう。

コラム　植物の光合成速度と人間の呼吸速度

第1章のコラムで、人間1人の呼吸をまかなうために木が何本必要かを、木がどの程度大きくなるかを元に概算してみましたが、ここでは、光合成の速度の観点から、人間1人の呼吸を支えるためには、どの程度の面積の葉っぱが必要なのかを考えてみましょう。

大気中には約21％の酸素が含まれますが、これを人間が1回吸って吐き出すと、その呼気の中の酸素濃度は16％程度に下がります。減った5％分は呼吸によって二酸化炭素に変わっていることになります。大人の安静時の呼吸量は1分間に8L程度だそうなので、ここから計算すると、1秒間に人間が吸収する酸素は、約300マイクロモルということになります。

では、光合成の速度はどうかというと、これは、植物の種類によって大きく異なりますし、もちろん光の強さ、温度によっても大きく影響を受けるので一概には言えません。光合成活性が高いC_4植物などを考えた場合、光が十分に当たった状態で、温度なども最適な条件では、1㎡の面積の葉あたり、1秒間に35マイクロモルの酸素を発生できるでしょう。つまり、安静時の人間の酸素呼吸をまかなうためには、最適条件での植物の葉が、約3m四方の面積分（約9㎡）必要であることになります。実際には、1日のうちで朝や夕方は光が弱くなるし、夜間には光合成を行うことができないことを考えると、さらにこの数倍の葉の面積が必要となるでしょう。とすると、人間1人の呼吸を支えるのに1本の木では足りないという第1章での結論は、あながち間違いではないように思います。

第8章　植物の環境応答

1　植物と動物の違い

「世の中は常にもがもな」と思っても、移り変わるのが世の常です。そのように変動する環境の中で生物が生きていくためには、不都合な変化に対してきちんと対処しなくてはなりません。そのような環境応答の必要性は、動物であれ、植物であれ変わりません。しかし、どのように応答するかという面から見ると、動物と植物ではだいぶ異なります。

人の場合を考えてみましょう。普通の人の体温は36℃を少し越すぐらいでしょうか。これが、37℃を少し越すと「おや、風邪でもひいたかな？」ということになります。つまり体温が1℃変わると「異常である」と判断されるわけです。一方で気温を考えてみると、東京でも冬には氷点下になることがあり、最近は夏には35℃を越しますから、夏と冬で40℃ぐらいの幅は上下します。つまり、外界の温度は40℃変わっても、人は体の温度の変化を1℃以内に保っていることになります。温度が下がれば、ぶるぶる震えて熱を発生し、体温が下がらないように調節するわけです。もちろん、人は恒温動物なので、動物の中でも特殊であるという見方もできます。しかし

基本的には、動物の環境応答のキーワードは恒常性、つまり、環境が変わっても自分を変えない能力にあると言ってよいと思います。外がいろいろ変化しても、何とかして細胞の中は同じに保つ、というのが動物の戦略です。

一方で、植物はどうでしょう。冬に氷点下の気温になる時、植物の細胞自体の温度も氷点下になります。極域近くに生える樹木などの場合、冬に気温がマイナス数十℃になれば、細胞の温度もマイナス数十℃になります。植物の場合は、下がった温度を上げようと努力するのではなく、温度が下がっても生きていけるように細胞の中を積極的に変えます。例えば低温にさらされると、細胞内を言わば「不凍液」化して凍らないようにします。温度を維持する代わりに、自分を変えるのです。「外が変化したら、中が変化するのはしょうがない。だけれども、それでも生きていけるように自分を変えよう」というのが植物の戦略なのです。これは、植物が移動の能力を持たない、ということと関連するのかもしれません。

2　初めに光ありき

一口に環境といっても、前の節で例に挙げた温度だけでも、高温、低温、凍結などがあり、他に光の明るさ、湿度、二酸化炭素の濃度など、様々な要素があります。さらにこれらの物理的な環境の他に、葉の一部が虫に食べられているとか、ウイルスに感染したなどといった、他の生物との相互作用も環境の中に含めてよいかもしれません。その多様な環境因子の中で、特別な位置を占めるのが光です。

例えば、低温で植物の育ちが悪くなる現象を考えてみましょう。夏野菜のキュウリやトマトは暖かい地方が原産地で、寒さに弱いことが知られています。露地で育てている場合を考えると、生育期間の前後である春や秋には明け方に冷え込んで気温が10℃以下になることがあり、そのような時には途端に生育が悪くなります。けれどもこの時、温度が低い時間帯に植物に光が当たらないようにしておくと生育が悪くならない、ということが経験的に知られていました。これは、キュウリなどの低温に弱い植物では、温度が低い時に光合成の光化学系Ⅰが光によって阻害されることが原因でした。つまり、低温自体が植物に害をなしているというよりは、温度が低い時に光が当たることがよくなかったのです。同じような例は、他にもあります。その中で、面白い例を1つ紹介しておきましょう。

以前、雨が植物に与える影響を研究したいといって大学院に入ってきた学生さんがいました。ただ、漠然と「雨」と言っても、雨の時は葉が濡れるでしょうし、湿度は上がります。根に対しては水を供給するという役割を果たします。大粒の雨だったら葉に対して物理的な刺激にもなるでしょう。そのような複雑な自然現象をそのまま研究しようとしても何が何だかわからなくなるのが落ちですから、条件を絞って葉の濡れに着目することにしました。人工気象室と言って、温度や湿度をコントロールできるチャンバー（小さな部屋のようになった機械です）の中にインゲンの芽生えを植えた鉢を置き、1つのチャンバーでは何もせず、もう1つのでは横からスプレーで細かい霧を吹きかけて葉を濡らします。これを「晴れチャンバー」と「雨チャンバー」と名付けました。鉢の土にはビニールをかけておいて土には雨が当たらないようにしておいたので、温度、湿度、根への水分供給などは晴れチャンバーでも雨チャンバーでも同じです。この2つのチャンバーを大きな自然光の温室の中に入れて、同じ光の下で、葉の濡れの影響を見ることにしました。

そうすると、驚いたことに葉を24時間濡らしておいただけで、光合成の活性が半分になり、しかも葉緑体の中のタンパク質のかなりの部分を占めるルビスコが分解されて半減することがわかりました。つまり、葉が濡れている、ということも植物にとってはストレスになり得るということになります。このような現象はそれまで報告されていなかったので、非常に面白いと評価される研究になったのですが、どうも腑に落ちない点があります。

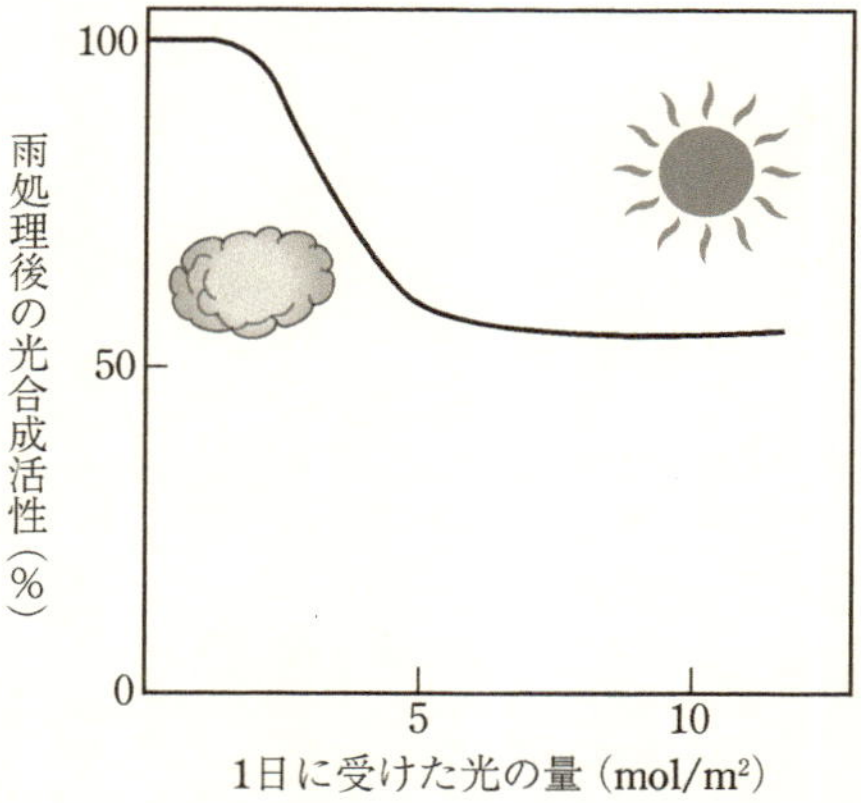

図8-1　雨処理時の光の量と光合成の活性

日本では、梅雨時など、24時間雨が降り続けることなどよくあります。もしそのたびに光合成にとって大事な酵素であるルビスコが半分分解していたら、とても植物が元気に生育することはできないでしょう。しかし、梅雨時には植物はむしろ青々としているように見えます。どう考えても実験の結果と、自然観察の結果が一致しません。

そこで、実験の条件をもう一度検討してみました。実験の結果にはばらつきというものがつきものなのですが、この実験の場合も、実験した日によって、光合成が大きく阻害される時と、それほどでもない時がありました。その原因を考えてみると、人工気象室の中で温度や湿度はコントロールされていますけれど、光は自然光温室の中ですから、外は本当に雨が降っている時もあれば、かんかん照りの時もあります。そこで光の明るさが結果のばらつきの原因かも知れないと考えて、雨処理実験の24時間の間に当たる光の量が光合成にどのような影響を与えるかを調べたところ、外が雨や曇りで暗い時には雨処理による阻害が見られず、陽がさんさんと差している時には阻害が大きいことがわかりました（図8-1）。

さて、ここまでの説明で、梅雨時に葉が濡れても植物が生き生きしていられる理由がわかったでしょうか？　自然界では、雨はスプレーからではなく雲から落ちてきます。ですから、雨が降る時は必ず暗くなっているので、実験で見られたような阻害は起こらずにピンピンしているという結論になります。実験では、複雑な自然現象を解析するために、現象をいわば解剖して「葉の濡れ」という小さな現象に切り分けました。これは、実験の条件をきちっと押さえるために必要なことだったのですが、一方で、自然の有り様とは異なったものを見てしまった、と言えるでしょう。自然界にも、「狐の嫁入り」といって雨が降りながら陽が差すこともありますが、これが24時間続けばルビスコが半減するかもしれません。とすれば、「よく夏に芝生にスプリンクラーで水をまいているが、それで芝が枯れたという話は聞かないぞ」とおっしゃる方もいるかもしれません。お説ごもっともなのですが、どうもこれは、葉の濡れやすさの問題のようです。インゲンの葉に水を落とすとある程度広がって表面が濡れるのですが、芝などの葉に水を落とすと、ころころ水玉になって転がってあまり濡れません。そして、どうも濡れやすい葉の植物では、光合成の阻害が大きいようなのです。ですから、芝ならよくても、夏の日中にインゲンの畑でスプリンクラーで水をまくのはよくないのではないかと想像します。

さて、話がだいぶそれましたが、言いたかったのは、葉の濡れという珍妙なストレスも、光が当たっている条件で初めてストレスたり得る、ということです。葉の濡れの場合は、おそらく気孔がふさがれて光合成の基質である二酸化炭素を取り込めなくなることが、ストレスとなる一因だと思われます。低温の場合は、二酸化炭素の固定反応などが低い温度で活性が低下するのが一つの原因でしょう。そのような二酸化炭素の固定が進まない条件でも、光合成色素があって光が当たれば、植物はエネルギーを吸収してしまいます。そうすると、使い道がなくて過剰となったエネルギーが悪さをするというのが、植物がストレスを受けた時によくあるパターンです。二酸化炭素固定やその他の細胞内の反応の多くが化学反応なのに対して、色素による光の吸収というのは物理的な反応です。化学反応の速度は、温度に依存して変化しますが、光の吸収は、普通の植物が経験する温度範囲では、ほとんど変化しません。緑色のホウレンソウを冷蔵庫に入れても急に赤くなったりはしないのです。ですから、環境が変動した場合には、色素の配置を換えるなどして光エネルギーの吸収量を変化させるか、もしくは、余ったエネルギーを消去するようなメカニズムを持っていないと困ります。以降の節では、そのような光合成の調節メカニズムについて紹介していきます。

3　夜と昼の光合成調節

様々な環境因子の中には、大きく変動するものもあれば、あまり変動しないものもあり、いつも変化しているものも、たまに、もしくは突然変化するものもあります。この中で、夜と昼の周期だけはどんな場合でも必ず存在します。昼間に曇っていれば、晴れている時に比べて暗くなるでしょうけれども、夜に比べたら格段の明るさです。もちろん地球上には昼でもまったく日が差さない場所はいくらでもありますが、植物はそのような場所では生育できませんから、この際無視してもよいでしょう。夜と昼とで光合成を切り替えている例は、第5章で出てきました。CAM植物は夜の間に気孔を開いて二酸化炭素を取り込み、昼に光のエネルギーを使ってそれを糖に変換していました。しかし別にCAM植物でなくても、一般的な光合成生物は何らかの形で夜昼で光合成の調節を行っています。そのいちばんわかりやすい例がATP合成酵素なので、まずはATP合成酵素の調節について見てみましょう。

ATP合成酵素は第4章で紹介したように、プロトンの濃度勾配を利用してATPを合成する酵素です。酵素の常として、ATP合成酵素もATPの合成反応とその逆反応を両方触媒するのでした。つまり、プロトンの濃度勾配ができていればATPを合成するし、プロトンの濃度勾配があまりない条件でATPが与えられれば、ATPを分解してプロトンを輸送して濃度勾配を作るのです。それを頭において、葉緑体の中のATP合成酵素の働きを考えてみましょう。

昼間は、光のエネルギーで電子伝達が行われ、ATPが合成されます。できたATPの一部は二酸化炭素固定やその他の代謝反応に使われます。しかし、光が十分に当たっている間は、ATPがある程度の濃度存在し続けるはずです。さて、そこで夜が来たとします。電子伝達を動かす原動力である光が存在しませんから、プロトンの濃度勾配はなくなってしまいます。そのような状態で、ATPが残っていてなおかつATP合成酵素があれば、残っていたATPを分解してプロトンを輸送してしまいます。輸送されたプロトンは、何に使われるわけでもありませんから、そのうち膜から少しずつ漏れて濃度勾配は失われてしまいます。とすると、単なるATPの無駄遣い以外の何物でもありません。

そこで、葉緑体のATP合成酵素にはうまい仕掛けがしてあります。ATP合成酵素を構成するタンパク質（サブユニット）の1つが還元されている時は活性があるのに、酸化されている時には活性が失われるのです。光が当たっている時は電子伝達が行われ、ストロマにはフェレドキシンなどが還元状態で存在します。そうすると、その還元力によってATP合成酵素のサブユニットは還元されて、プロトン濃度勾配を使ってATPを合成します。一方、夜になって電子伝達が止まると、還元力の供給が止まってフェレドキシンなどが酸化されます。すると今度は、ATP合成酵素のサブユニットは酸化されて活性を失い、夜の間に無駄な逆反応によってATPを分解する心配がなくなります。電子伝達では、プロトンの濃度勾配と還元力が同時にできますから、それを利用して、還元力がなくなったらATP合成酵素のスイッチを切ることによって「自動的に」活性の調節をしているわけです。

実際には、還元されたフェレドキシンがチオレドキシンという別のタンパク質を還元し、この還元型のチオレドキシンがATP合成酵素を含むいろいろな酵素を還元して活性化型に変えます。還元力が電子伝達から来なくなると、チオレドキシンは溶けている酸素によって徐々に酸化され、調節を受ける酵素も酸化されて活性のスイッチがオフになるわけです。このような、酸化還元によって活性を調節するシステムを**レドックス調節**と言います。レドックスというのは「酸化と還元」という意味です。このレドックス調節は、葉緑体ではATP合成酵素だけではなく、様々な酵素において見られます。ATP合成酵素は葉緑体以外にも、例えば液胞にも存在しますが、面白いことに液胞のATP合成酵素（液胞のATP合成酵素は実際にはATPの合成ではなく、ATPを分解してプロトンを輸送するのに働く）には、レドックス調節の仕組みがありません。これは、葉緑体とは違って、液胞では昼夜の影響を直接受けないことによるのでしょう。

さて、第5章で少し触れましたが、二酸化炭素の固定を担うカルビン回路の酵素群の中にも、このレドックス調節を受けるものがあります。やはり、昼間に電子伝達が働くと、フェレドキシンとチオレドキシンを経て酵素が還元されて酵素が活性化され、暗くなると酸化されて活性を失います。では、この場合はわざわざ調節する必要があるのでしょうか？

ルビスコが二酸化炭素を固定する反応では結果として2分子のＰＧＡという物質ができますが、この反応は不可逆反応です。つまり、ＰＧＡとルビスコを混ぜてもＲｕＢＰと二酸化炭素にはなりません。そうであれば、せっかく固定した二酸化炭素が逆反応によって元に戻ってしまう、ということは起こりませんが、実際にＡＴＰとＮＡＤＰＨを使うのは第5章で見たようにＲｕＢＰを作るところです。いわばＲｕＢＰにエネルギーを貯めているようなものですから、これが無駄にならないようにしているという考え方ができるでしょう。

4　光ストレスとその防御

Ａ　光阻害

高校の生物の教科書には、たいてい光－光合成曲線というのが載っています。これは、横軸に光の明るさを取り縦軸に光合成の速度を取った図で、光が弱い時には光の明るさにほぼ比例するような形で光合成速度が上がり、光が強くなってくると、だんだんとカーブが寝てきてある一定のところで落ち着くようになります。光合成に限らず、化学的な反応の速度は、たいていの場合、基質の濃度に対してこのような飽和する形のカーブを描きます。では、色素が光をどれだけ吸収するかを、横軸に光の明るさをとって描くとどのようになるでしょうか？

今度は、自然界の光の明るさの範囲内においては、ほぼ直線的に上がり続けるのです。これは、色素による光の吸収という現象が化学的な反応ではなく、物理的な反応であることによります。とすると、光が弱いうちは吸収する光の量と利用する光の量のバランスが取れていますが、光が強くなっていくと、どう頑張っても差が生じます（図8-2）。この余計になるエネルギーは、植物に様々な害をもたらす可能性があります。したがって実際には、照射する光をさらにどんどん強くしていくと、一定の値となっていた光合成速度が今度は落ち始める、という現象が見られます。これが光阻害です。たとえ、光合成にとって非常に重要な光といえども、「過ぎたるはなお及ばざるがごとし」というわけです。

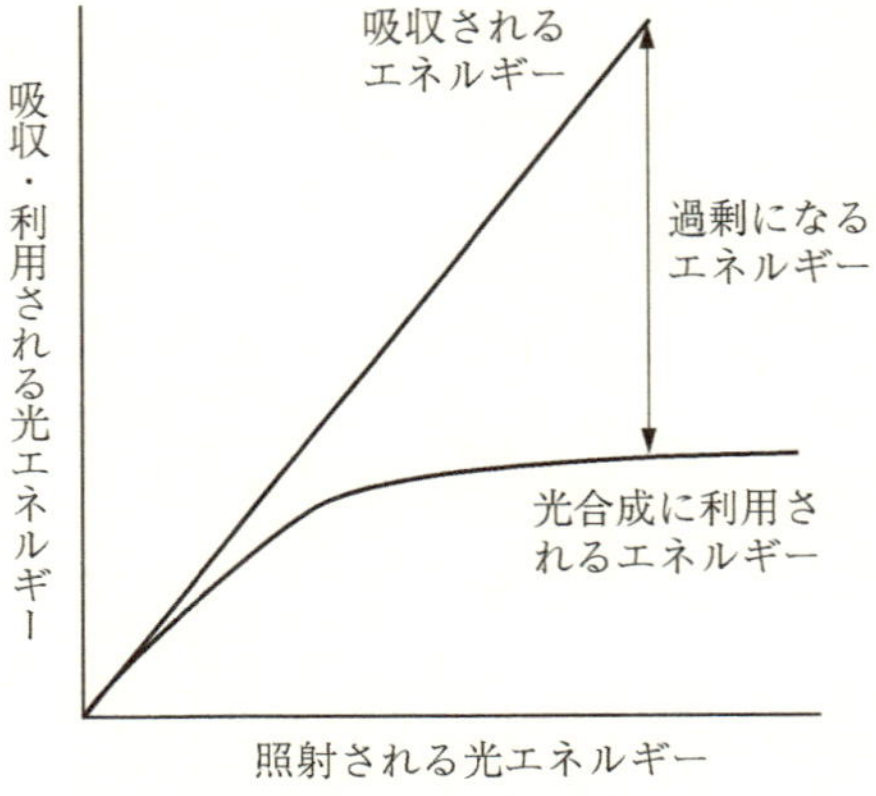

図8-2　光の吸収と利用

光阻害によって光合成速度が落ちていく様子をグラフにしようとすると、難しい問題が生じます。光が強くなっていくと、光を当てているうちに光阻害が進行するので、測定している間に光合成の速度がどんどん変化してしまうのです。そうすると、どこの時点での光合成速度をグラフに描いたらよいのかわかりません。ですから、普通の図では、光阻害で光合成速度が落ちる部分はグラフになっていないのです。

もう一点、ここで言っておきたいのは、光阻害というものが必ずしも「悪い」ものとは限らないということです。以下の節で紹介しますように、光合成の調節機構の一環として、光が強すぎる場合には吸収した光エネルギーを熱として「捨てる」ようなメカニズムが存在します。このメカニズムが動き出すと、エネルギーが熱として捨てられて光合成速度が落ちる場合もありますが、この場合は言わば、光エネルギーが余計な悪さをしないようにするわけですので、植物にとっては必要な光阻害である、という言い方ができるかもしれません。

B　「動かす」防御策

光エネルギーの吸収と利用のバランスを取ろうと考えた場合に、いちばん良いのはそもそも余分な光を吸収しないことです。しかし、色素による光の吸収はとても調節が難しいのです。苦労して色素の色を少し変えたとしても、太陽から来る光は白色光でいろいろの波長の光が混ざって

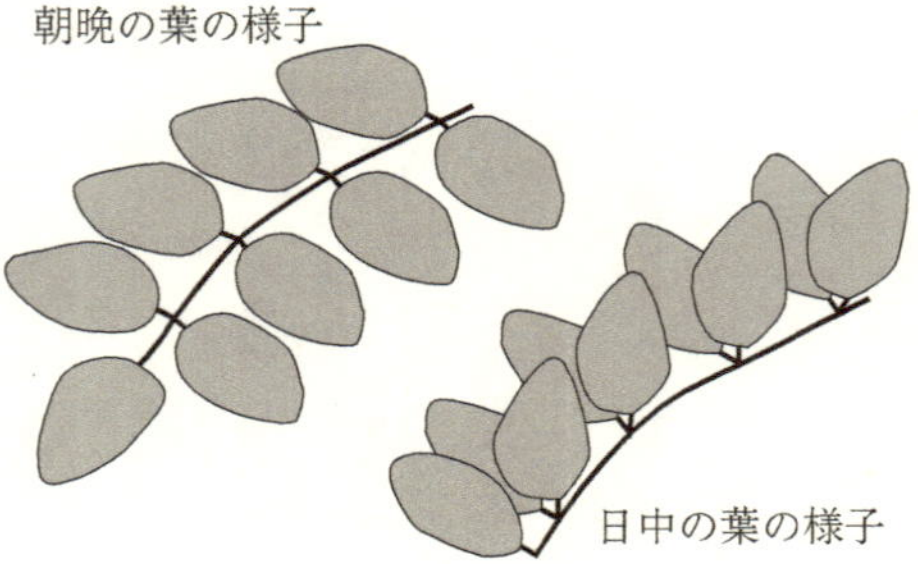

図8-3　葉を傾けて光の当たり過ぎを防ぐフジ

いますから、結局、吸収する光の量を大きく変えることはできません。必要な時に、色素の色をパッと透明にできればよいのですが、実際には無理な相談です。したがってできることは、色素の「場所」を動かして、光の当たり具合を変えることです。いちばん簡単なのは葉の向きでしょう。真夏にフジの葉を観察すると、朝夕には平らになっていた小葉が、真昼には垂直に近く立ち上がることがわかります（図8-3）。ほぼ垂直に差し込む真昼の太陽に対して、葉が立ち上がれば、同じ面積の葉でも光を受ける面積は小さくなり、真昼の過剰な光エネルギーの吸収を少なくすることができます。

実は、同じような工夫は、よりミクロなレベルでも実現されています。光合成は細胞の中の葉緑体中で行われますが、この葉緑体は細胞の中に固定されているわけではなく、移動することができます。光合成の基質である二酸化炭素は細胞の外から供給されるため、葉緑体は細胞膜の内側に張り付くように存在していることが多いのですが、その中でも、光が弱い時には葉の表側の面を覆うように配置され、光が強くなると壁面に縦に並

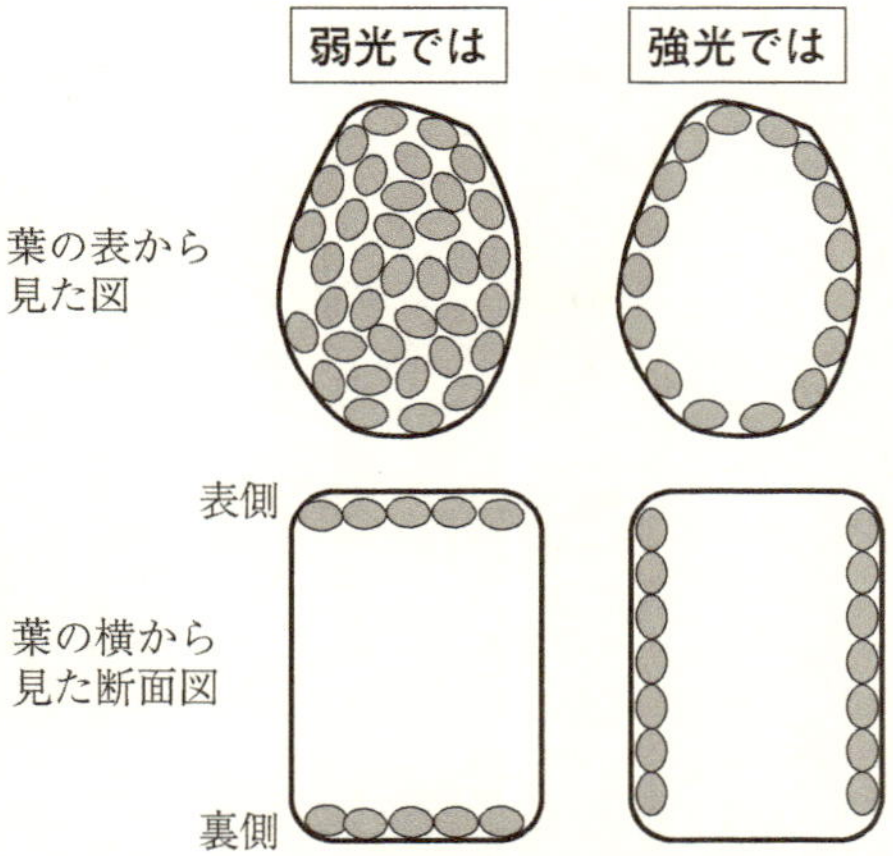

図8-4　光の量によって葉緑体が移動する

ぶ形で配置されます（図8－4）。これによって、弱い光の下では可能な限り多くの光を吸収し、強い光の下ではお互いに陰になるようにして、光の吸収を避けることができます。葉緑体が動くというと、葉緑体の祖先は共生したシアノバクテリアであるという説を思い出して、自分で動いているように思う人もあるかもしれませんが、どうも実際には外から動かされているようです。

C　色素の量の調節

葉の動きや葉緑体の移動は、数分から数時間の間に起こる現象です。しかし、もし強い光がずっと当たり続ける、もしくは弱い光しか来ない時間帯が長い、ということがわかっているのでしたら、あらかじめ色素の量を少なくしておいたり、多くしておいた方が効率的です。つまり、より長期的には色素の量自体を調節するのが賢明です。もちろん、昼夜の明るさの変動はあるにしても、一定以上の明るさの光が差し込むような環境では、光を吸収する色素の量を減少させて余分な光エネルギーによる害を避けるのが得策であり、ずっと暗い環境で強い光が差し込まなさそうな時は、色素の量を増やしたほうがよいでしょう。実際に、集光の役割を果たすアンテナ複合体の量は、光環境によって調節されて、強光では減少し、弱光では増大します。高等植物の場合、第3章で見たように、反応中心複合体に結合する色素はクロロフィル *a* であるのに対して、LHCⅡなどの集光の役割を果たすアンテナ複合体にはクロロフィル *b* も多く含まれます。ですから、弱い光の下ではクロロフィル *b* に対するクロロフィル *a* の数の比（クロロフィル *a*/*b* 比）が低く、強光に移すとこの *a*/*b* 比が上昇するという現象が見られます。クロロフィル *a* と *b* の量は、薄層クロマトグラフィーなどの高校レベルの実験でも確かめることができますから、明るいところの葉っぱと暗いところの葉っぱで試してみるのは面白いかもしれません。

光合成色素の量の変化は、光の明るさの変化だけでなく、光の質（＝色）の変化によっても起こります。シアノバクテリアの一種である *Fremyella diplosiphon* という生き物は、集光性の色素として赤い光を主に吸収するフィコシアニンと緑色の領域の光を吸収するフィコエリスリンというフィコビリンタンパク質を持ちます。このシアノバクテリアを赤い光の下で培養すると細胞は緑色になり、緑色の光の下で培養すると細胞は赤色になるという面白い現象が観察されます。赤い光の下では、その光を有効に利用するためにフィコシアニンの量を増やし、緑色の光の下ではフィコエリスリンの量を増やすため、結果として細胞の色は、それぞれ、赤い光で育てた場合は赤の補色である緑、緑色の光で育てた場合は緑の補色である赤になるわけです。これは補色順化と呼ばれる現象で、色素の量（の比）を変化させることによって光の吸収を調節しているのが細胞の色として現れる面白い例です。

D　キサントフィルサイクル

それでは、前述のような調節にもかかわらず、吸収してしまった過剰な光エネルギーは、どのように処理されるのでしょうか。植物では、そのような過剰なエネルギーの処理に、カロテノイドが関わっています。植物における主要なカロテノイドとしては、β-カロテンやいくつかのキサントフィルがあります。カロテノイドは、高校の教科書などでは「補助色素」として、光を吸収する集光色素の役割を担っているように書いてあることもあります。しかし、最近になってβ-カロテンは集光色素として働くよりは、余分なエネルギーの消去の役割を果たしていることがわかってきました。強すぎる光の下では、反応中心複合体やアンテナ複合体で、普通より高いエネルギーを持った特別な状態のクロロフィルが生成して、これが酸素と反応すると活性酸素ができます。β-カロテンはこのような高いエネルギーを持ったクロロフィルや活性酸素を安全に除去する役割を果たしているのです。

さらに、ビオラキサンチン、アンスラキサンチン、ゼアキサンチンという3種のキサントフィルも、余分なエネルギーを処理するために働いています。この3種のキサントフィルは、エポキシ化、脱エポキシ化という酸素をくっつけたりはずしたりする反応によって相互に変換します。ここで、この3つのキサントフィルの性質が少しずつ異なるのがミソです。ゼアキサンチンが生成した状態ではクロロフィルが吸収したエネルギーが光合成の反応を進行させずに熱に変えられてしまいます。ゼアキサンチンをアンスラキサンチンを経てビオラキサンチンに変換するエポキシ化酵素は弱い光の下で高い活性を持つのに対して、脱エポキシ化反応を触媒する酵素は強い光の条件の下で活性化されます。つまり、弱い光条件ではゼアキサンチンの量は少ないのですが、光が強くなるとゼアキサンチンによって過剰エネルギーを安全に熱に変えるというシステム（キサントフィルサイクルと名付けられている）が働くことになります。キサントフィルは、このシステムの中で光が強すぎる時の安全弁として働くことになります。キサントフィルサイクルでは、エポキシ化と脱エポキシ化の2つの酵素活性が環境の光の明るさによって変わることによって調節されているので（正確には光の明るさによって変わるプロトン濃度勾配によって調節されています）、環境に応じて「自動的に」安全弁のスイッチが入るのがミソです。

E　ステート遷移

いろいろな防御メカニズムの最後に、光化学系のバランスについて少しだけ考えてみましょう。酸素発生型の光合成においては、光化学系Ⅰと光化学系Ⅱと呼ばれる2つの光化学系が直列に機能して電子伝達を行っていることは第4章で触れました。この2つの光化学系は異なる色素組成を持つ一方で、2つが共に働かない限り電子伝達は機能しません。ということは、光環境が変動してどちらか一方の光化学系のみが働くようになった場合には、どんなに働いていても全体としては無駄働きになることになります。そこで、一方の光化学系だけが働いてしまうような条件では、それが吸収したエネルギーの一部をもう一方の光化学系に再分配するようにしています。これがステート遷移と呼ばれる調節メカニズムです。これは、ある光環境の下では光化学系Ⅱの一部として働いているアンテナ複合体からのエネルギーが、光環境が変化すると光化学系Ⅰに流れることによって実現しています。

では、どうやってエネルギーの流れが変わるか、という点になると、ある程度わかってきたがもう一息、というところでしょうか。高等植物の場合、LHCⅡが光化学系Ⅱのアンテナ複合体として働いていますが、光環境が変化すると、複合体を構成するタンパク質の一部がリン酸化されて、これによりアンテナ複合体が光化学系Ⅱから離れて光化学系Ⅰへと移動して結合するようです。シアノバクテリアの場合は、LHCⅡの代わりに、膜の表面に結合している色素タンパク質複合体であるフィコビリソームがアンテナとして働きますが、この場合も、フィコビリソームが膜の上を物理的に移動することによりステート遷移が起こるらしいことがわかっています。つまり、どちらもアンテナ複合体自体が光化学系Ⅱから光化学系Ⅰへと移動することにより、エネルギーの流れを変えていることになります。

それでは、光の条件が変わると、どのようにしてステート遷移が引き起こされるのでしょうか。光化学系Ⅱ反応中心と光化学系Ⅰ反応中心の間の電子伝達は、プラストキノン、シトクロムb_6/f複合体、そしてプラストシアニン（もしくはシトクロムc_6）によって結ばれているので、例えば光化学系Ⅱだけが選択的に働くと、2つの光化学系の間にある成分は系Ⅱから電子を受け取って還元されます。逆に光化学系Ⅰだけが選択的に働く場合は、酸化されることになります。ステート遷移は、光の強さや色というよりは、2つの光化学系の間で機能しているプラストキノンの酸化還元の状態の変化によって引き起こされています。高等植物の場合は、先ほどのLHCⅡをリン酸化する酵素がプラストキノンが還元されると活性化される、というメカニズムがわかってきましたが、シアノバクテリアのステート遷移がどのようになっているのかはこれからの研究課題です。

コラム　スーパー植物を作るには

さて、ここで突然ですが、人類の食糧問題と地球の環境問題を解決するためにスーパー植物を作る秘訣を考えてみましょう。光合成は植物の成長の最大の鍵ですから、光合成の能力を変えることによって、普通の植物よりも生育の良い（もしくはたくさん実をつける）スーパー植物を作ろう、という試みは昔からなされてきました。新しい植物を作る方法は、昔ながらの交配実験、つまりある品種と別の品種を掛け合わせてその子孫の中から良いものを選ぶ、という方法から、ある遺伝子の働きを上げるといった最近の方法まで様々あります。しかしこの中で、光合成に働く成分の量を多くすることによってスーパー植物ができた例はない、といってもよいと思います。イネにしても、コムギにしても、昔に比べると格段に収量が多い品種が作られているのですが、それらのほとんどは光合成とは無関係の部分が変わった品種なのです。

では、どのような点が変わったのかと言うと、いちばん大きいのは、最近の品種は背が低くなったことです。背を低くして茎の本数が多くなったことにより、倒れにくくなってしかも穂をたくさんつけることができるようになり、収量が大幅に増加したのです。農作業の一つに「麦踏み」というのがありますが、これも背を低くして茎の本数を多くする効果がありますから、結果としては同じことになります。しかし、ここで立ち止まって考えてみてください。収量が多いということは、植物にとって見ればたくさんの子孫を残せる、ということです。背が低い方がよいのであれば、自然の進化の過程で、もともと背が高いイネやコムギができてきたのはおかしな話です。何かを見落としているに違いありません。

この問題を解く鍵は、自然の環境と田んぼや畑の環境の違いにあります。自然の環境では、別にイネやコムギだけが生えているわけではありません。いろいろな植物が一緒に生えているわけです。その中でもし背が低かったら、他の植物の陰に埋もれて、十分な光を受けることができずに枯れてしまうかもしれません。自然の条件では、背を高くしないと競争に負けてしまうのです。一方で、田んぼや畑では、人間が草取りをしたり、除草剤をまいたりします。ですから、他の植物との競争に負ける心配をする必要がなく、いわば「気兼ねなく」背を低くすることができるのです。

あらゆる生物は、自然環境での厳しい生存競争を勝ち抜くために進化してきたはずです。ですから、その条件で、さらに能力の高いスーパー植物を人間が作るのは極めて難しいことが予想されます。一方で、田んぼや畑といった自然環境とは異なる環境においては、植物はその環境に適応して進化したわけではないので、もう少し改良できる余地があるでしょう。ですから、スーパー植物を作ろうとするなら、自然の環境とその植物を育てようとしている環境が異なる部分に注目する必要があると思います。その意味で、この章でこれまで紹介した環境応答のメカニズムというのは、面白いポイントになるでしょう。

キサントフィルサイクルであれ、ステート遷移であれ、これらは一種の「捨てる技術」です。変動する自然環境の中で、余ってしまったエネルギーを捨てるように発達したメカニズムです。しかし、人間が管理している一定の環境では、このような捨てる技術はむしろ必要ではなく、これらのメカニズムが働かないようにすることによって捨てる部分を成長に回して、植物の生育と収量を上げることができるかもしれません。光合成の最大能力をさらに上げようとするのではなく、自然環境では抑えられていた能力をフルに発揮させることが、今後の植物の改良の中心になるのではないかと考えています。このような「火事場の馬鹿力作戦」が成功するかどうかは今後の研究に待たなくてはなりませんが……。

第9章　光合成の研究

1　光合成研究の歴史

光合成の研究の歴史は、少なくとも17世紀までさかのぼります。アリストテレスの時代には、植物は「自然に」大きくなると考えられていました。しかし、17世紀になってベルギーのファン・ヘルモントが植物の成長に水が必要であることを示しました。この実験は高校の生物の教科書にも載っているので、ご存じの方も多いかもしれません。鉢に植えた柳の木に毎日水だけをやって、5年後に重さを量ってみると、柳の木の重さは大きく増えていたのに、土の重さの減少はほんのわずかであった、という実験です。

このファン・ヘルモントは、中世の錬金術師と近代の実験科学者の中間に位置するような人物で、この柳の木の実験も「万物は水である」というギリシャの哲学者タレスに源を持つ考え方を示すために行われたとされています。確かに実験の結果は、水が木になったように見えますが、これはもちろん空気中の二酸化炭素の存在を無視したために一見そのように見えるわけです。このファン・ヘルモントの実験は、解釈は別として、生物学に定量的な測定を導入したという点だけでも、大きく評価すべき実験でしょう。

次いで、フランスのマリオットとイギリスのヘールズ（Hales）が17世紀の終わりから18世紀の初めにかけて植物が二酸化炭素を吸収することを見いだしました。そして18世紀の後半にイギリスのプリーストリーが酸素（というより「後世から見れば酸素に相当するもの」と言うべきかもしれませんが）とその植物による発生を発見します。こちらの酸素の発見は、高校の化学の教科書によく載っていますね。プリーストリーの実験のすぐあとには、オランダのインゲンホウスとスイスのセネビエが植物による酸素の発生には光が必要であることを見いだしました。つまり、二酸化炭素と水と光から有機物が作られて酸素が発生するという光合成の基本的な式

$$6CO_2 + 6H_2O + 光 \rightarrow C_6H_{12}O_6 + 6O_2$$

は分子の数の比率（化学量論比）は別として18世紀の終わりには既に明らかになっていたと言えるでしょう。

もちろん、これで光合成の研究が終わったわけではなく、そのメカニズムの解明に向けて現在に至るまで2世紀以上研究が続けられています。20世紀に入ってから光合成関連でノーベル賞を受賞した研究だけでも10件にのぼります。そして、この長い研究の歴史の中で「光合成の研究はもう終わった」と言われたことが何度もありました。最初は、１９６１年にノーベル賞を受けた

アメリカのカルビンらのグループが二酸化炭素の固定反応（C_3回路）の全貌を明らかにした時です。二酸化炭素の固定反応が明らかになれば、他に何をやることがあろうか、というわけです。その次は、1978年にノーベル賞を受けたイギリスのミッチェルなどにより、光合成電子伝達と、それに共役した光リン酸化（ATP合成）のメカニズムが明らかになった時です。この段階で、光によって二酸化炭素の固定に必要なATPとNADPHが作られる仕組みの大枠も明らかになったことになります。そして3番目が、1988年にノーベル賞を受けたミヒェル、フーバー、ダイゼンホーファーの3人のドイツ人によって光合成反応中心複合体が結晶化されて、その結晶にX線を当てて解析することにより、反応中心複合体の立体構造が明らかになった時です。これによって、光エネルギー変換の最初の過程が構造と結びつけて議論できるようになりました。

どうも光合成の研究者はひねくれた性格の持ち主が多いらしく、「光合成研究は終わった」と吹聴してまわったのはいずれの場合も、時の光合成研究者自身でした。それらの人びとが本心でそう思っていたのか、それとも、本当は研究のライバルを減らそうと思ってそのようなことを言っていたのかはわかりませんが、結果としてはその後も光合成の研究が盛んに続けられました。しかし、最後の光合成反応中心複合体の結晶化に関して言えば、これをきっかけに光合成研究の方向性が変わったことも事実です。これは、単に反応中心複合体の構造がわかったという点においてよりも、それまで困難であった、水に溶けないタンパク質の結晶化ができるようになったこと、それも様々なタンパク質とそれに結合した多くの因子を含む巨大複合体の結晶化が可能となったという点が、光合成の研究に非常に大きな影響を与えました。

光合成における光エネルギー変換と電子伝達、そしてATPの合成はチラコイド膜上の4つの巨大タンパク質複合体によって行われます。現在までに、これらの4つの複合体、すなわち光エネルギー変換を直接担う光化学系Ⅰと光化学系Ⅱ、それらの間を結ぶシトクロムb_6/f複合体、そして電子伝達によって作られたプロトン濃度勾配からATPを合成するATP合成酵素複合体は、全て結晶化され、X線解析によってその立体構造が明らかとなりました。これまで見てきたように、光エネルギーの移動や電子の伝達が大きな意味を持つ光合成の研究においては、立体構造の解明自体は研究の終わりを意味しませんでしたが、立体構造に基づいた構造と機能の間の関係を明らかにする研究によって、光合成の光エネルギー変換メカニズムの理解は大きく進展しました。現時点において、水を分解して酸素を発生するという、生物学的には光エネルギーを用いて初めて実現しうる光化学系Ⅱの酸素発生反応を除けば、電子伝達の大まかなメカニズムは解明されたと言ってもよいでしょう。

しかしながら、これらの「解明された」メカニズムは単に現象の時間的な一断面を切り取った、いわば「静止画像」に過ぎないのに対して、常に変動する環境の中で生育する植物にとっては、立体構造の３次元に時間の次元を加えた言わば４次元の解析こそが重要なのです。第８章で紹介した環境応答の研究なども、この４次元の解析の一つといえるでしょう。以下の節では、４次元の光合成研究としてどのようなものが考えられるのかについて紹介します。

コラム　光合成とノーベル賞

自然科学の研究の歴史を取り上げる際にはノーベル賞の話が必ず話題にのぼります。ノーベル賞は１９０１年から授賞が始まっていますが、これまで、光合成関連の研究に与えられたノーベル賞は10個にのぼります。１９００年代の初めは、光合成のメカニズムがほとんどわかっていませんでした。その時代、クロロフィルが光合成で重要な役割をしていることまではわかっていましたから、クロロフィルの構造を解明すれば光合成のメカニズムも解明されるのではないか、という期待が持たれました。そして、クロロフィルやカロテノイドの精製・構造決定・合成などに力が注がれました。これに関しては、１９１５年にドイツのヴィルシュテッター（Richard Willstätter　クロロフィルの精製など）、１９３０年にドイツのフィッシャー（Hans Fischer　クロロフィルの化学など）、１９３７年にスイスのカーラー（Paul Karrer　カロテノイドの構造など）、１９３８年にドイツのクーン（Richard Kuhn　カロテノイドの化学）、１９６５年にアメリカのウッドワード（Robert Woodward　クロロフィルの全合成）がノーベル化学賞を受賞しました。

その後、色素の構造解析だけでは光合成の機能の解明は不可能であることが明らかになり、タンパク質（酵素）およびタンパク質複合体の構造と機能解明に研究はシフトします。これに関しては、１９６１年にカルビン（Melvin Calvin　二酸化炭素固定）が、１９７８年にミッチェル（Peter Mitchell　化学浸透説）が、１９８８年にミヒェル（Hartmut Michel）、フーバー（Robert Huber）、ダイゼンホーファー（Johann Deisenhofer）の３人（光合成細菌の反応中心複合体のX線結晶構造解析）が、１９９７年にアメリカのボイヤー（Paul Boyer）とイギリスのウォーカー（John Walker）およびデンマークのスコウ（Jens Skou）の３人（ATP合成酵素の構造と機能解明）がノーベル化学賞を受賞しています。少し変わっているのが１９９２年にノーベル化学賞を受賞したアメリカのマーカス（Rudolph Marcus）で、電子移動理論という物理化学の理論の分野で受賞しています。並べてみるとわかりますように、光合成研究に対して与えられたノーベル賞は全て化学賞です。ノーベル生物学賞というのは存在しませんし、ノーベル生理学・医学賞では植物の光合成の入る余地はありませんから、関連がある分野の化学賞を借りるしかない、というところでしょう。

2　これからの光合成研究

A　超高速の光合成

時間を含めた4次元の光合成の研究の最初は、超高速の光合成を取り上げましょう。第4章3節で触れたように、光合成の最初の電荷分離反応はピコ秒という非常に短い時間スケールで起こります。このような複合体の中の電子の伝達反応は、呼吸の電子伝達を担うタンパク質の複合体の中でも行われているのですが、呼吸の電子伝達を研究しようとするとなかなか大変です。

呼吸の場合、電子伝達反応は呼吸基質を加えることによって開始しますが、これを短い時間スケールで調べようとすると、複合体と基質を混ぜてパッと測定する、という必要が生じます。よく使われた手法は、2本の管に呼吸の電子伝達複合体を含む液と、呼吸基質を含む液をそれぞれ流しておいて、あるところで1本に合わせることにより液体を混ぜて反応を開始させ、混ぜた直後の状況を分光器か何かで調べるという方法です。この場合、溶液を速く流せばそれだけ短い時間スケールの反応を調べることができますが、このような方法では限度があります。

一方、光合成の場合には、そのような速い反応を「見る」ために、光を使うことができます。光化学系の反応中心はクロロフィルですから、酸化還元によって吸収スペクトルが変化します。つまり、反応中心複合体に弱い光を照射しておいて、その光がどれだけ吸収されるかを測定していれば、反応中心が酸化されているか還元されているかをモニターすることができるわけです。

光合成の反応は、幸いにして光によってスタートさせることができますから、非常に短い光のフラッシュを当てた時の吸収の変化の速度を見れば、どのような速度で電子が移動しているかを見ることができます。ただし、ピコ秒の反応を正確に測定しようとすれば、当てるフラッシュの長さはピコ秒より短くなくてはいけません。ピコ秒のさらに１／１０００をフェムト秒と言いますが、本当に速い反応を見るためには、レーザーフラッシュによる１００フェムト秒程度の幅の光を使います。

ここまで短い光になると、量子力学におけるハイゼンベルクの不確定性原理が大きな意味を持ってきます。不確定性原理によれば、時間とエネルギーの積の不確定さは一定以下にすることができません。つまり、非常に短い時間を正確に決めようとすれば、エネルギー（つまり光の波長）が決められなくなってしまいますし、きちんと波長を決めようとすると、時間の幅が決まらなくなります。現在、物理学の最先端の技術を使えば10フェムト秒以下の光でも作ることが可能だそうですが、その場合には、不確定性原理により何色の光だかわからない、という状態になりかねません。それでは不都合なので、実際には１００フェムト秒程度のレーザーにより測定します。このような技術によって、色素による光の吸収、最初の電荷分離といった極めて速い反応の様子が調べられました。その結果、どうなったかというと、今まで反応中心クロロフィルと言われてきたＰ７００やＰ６８０が反応中心そのものではなく、実はその陰にもっと速い反応を起こす本当の反応中心があるのではないか、という話が出てきたのです。この原稿を書いている2008年の時点では、反応中心の正体は再び混沌としてしまった状態です。光合成の電子伝達の基本的な仕組みは1970年頃にはほぼ明らかになったと思われていたのですが、ここへ来て、また研究の最先端に舞い戻った感じです。

B　環境応答

植物が周りの環境の変化に応じてどのように光合成を調節しているのかという点も、これからの光合成研究の大きな目標の一つでしょう。この環境応答のメカニズムについては第8章で述べましたが、実際には研究を進めれば進めるほどわからないことが増えてくるような状態です。この理由は、どうも調節のメカニズムそのものにありそうです。

例えば、光環境が変動した時の応答には、長期的な応答と短期的な応答がありますが、環境が変動してから十分時間が経って、長期的な応答が起こった時点では、短期的な応答は元に戻ってしまうのが普通です。つまり、一般的に同じ働きの2つのメカニズムがある時は、どちらか1つが働いていれば、もう1つは働かない、ということになります。実際には、短期的応答にしても長期的応答にしても、それぞれ複数のメカニズムがありますから、話はさらに複雑です。

生物の分野の研究で、ある遺伝子の役割を調べようと思った時、いちばん簡単なのはその遺伝子が働かない生物を作って、その生物がどのような振る舞いをするかを見ることです。乱暴な比較をすれば、機能がよくわからない車の部品があった時に、それを壊してみて、ヘッドライトがつかなくなったら、その部品はヘッドライトの関係部品である、またブレーキがきかなくなったらブレーキの関連部品である、と判断するようなものです。ところが、環境応答のように複数のメカニズムが働いてお互いに補い合っていると、1つの部品を壊しても影響が出ない場合があります。先ほどの例で言えば、ハイブリッド車のようなものでしょうか。ガソリンエンジンを壊してもモーターで動いてしまえば、見かけ上何も起こらないかもしれません。そうなると、部品がどこで働いているのかを調べるのはなかなか大変な作業になります。もっとも本当のハイブリッド車でガソリンエンジンを壊した時にどうなるのかは知りませんが……。

さらにやっかいなのは、環境応答の能力が変化した植物でも、通常の状態では一見正常に見える、という例がたくさんあることです。環境応答というものは、当然のことながら、ある環境に置かれて初めて見えてくるのでこのようなことが起こりがちです。強光から植物を守るシステムがあったとして、それを弱光で観察しようとしても意味がないことは明らかですね。しかしそう言っていると、あらゆるシステムを解明するためには、あらゆる種類の環境に植物を置いてみないといけないことになります。光合成の基本的なメカニズムを調べようとしている時には、そこに変化が起きれば、必ず光合成がおかしくなって、当然のことながら植物の生育自体が大きな影響を受けます。その意味で、研究の方向性は明確だったのですが、ある環境でだけ働くようなシステムの研究が重要になってくるにつれて、研究をどのように進めるかが難しい問題をはらむようになってきました。しかし、それだけチャレンジのしがいのある研究テーマが残っている、という見方もできるでしょう。

C 代謝回転

第1章で、「生物というのは、細胞の中の秩序ある状態を保つためだけにもエネルギーを使っている」というお話をしました。細胞の中のタンパク質を例にとって考えてみると、1つのタンパク質は、前の項のように環境が変わった場合でなくとも、常に分解と合成を繰り返しています。人間でいうところの新陳代謝です。分解と言っても、まさかめったやたらに分解するわけにはいきませんから、例えば機能がおかしくなったものを選んで分解することが必要でしょう。また、合成と言っても、光化学系IIの反応中心複合体は30種を超すタンパク質とさまざまな光合成色素、金属、脂質などからなる極めて複雑な複合体です。多数の部品をどのように組み上げていけばよいのか、という問題が生じます。このような分解や合成をどのように調節しているのか、という点については、なかなか研究が進んでいないのが現状です。しかも光合成系の合成・分解の場合は、光合成に特有の問題も生じます。

クロロフィルなどの色素は、光エネルギーを吸収するためにあるわけですが、エネルギーの使い道がない状態で光を吸収してしまうと、そのエネルギーは様々な物質を破壊することに使われかねません。反応中心複合体などのタンパク質に結合している時には、きちんとエネルギーの行き場を調節することができるのですが、もしタンパク質からはずれた状態にあるとその調節ができません。ですから、遊離の状態のクロロフィルは、生物にとっては毒なのです。とすると、クロロフィルを合成して最初にタンパク質に組み込む時や、クロロフィルタンパク質複合体を分解する場合などに、クロロフィルを遊離の状態にしないためになんらかの工夫が必要となります。最初に反応中心複合体を合成して組み上げていくのを助けるタンパク質などがいくつか報告されていますが、まだ具体的なメカニズムについてはよくわからない状態です。

X線結晶構造解析などで反応中心複合体の構造がわかると、それで全てがわかった気になりがちですが、実際には、おそらくそのような複合体にも「一生」があって、合成され、組み上げられて、働いて、最後には分解されているはずです。そして、そのプロセスの間、他のものの迷惑にならないように常に気を配っていなくてはなりません。このあたりも、これからの研究課題の一つでしょう。

D　適応と進化

もし、この節のテーマである4つ目の次元、すなわち時間を、何万年、何億年というスケールで考えれば、光合成の進化や適応といった問題も含まれてくるでしょう。第2章の「光合成の始まり」で見てきたように、光合成の進化には大きなギャップが1つあります。光合成細菌が行う光合成と、シアノバクテリアや藻類・高等植物が行う、酸素が発生する光合成では、水を分解して酸素を発生する部分の仕組みの他にも、光化学系が1つから2つになり、色素が大きく入れ替わっているという、極めて大きな変化が起こっています。このような変化が1つずつ起こったのか、同時に起こったのかもわかりませんし、このあたりは、光合成研究の中で全く未解明のまま残されています。ただ、「では、今後それを解明するには、どのような研究をしたらよいのか？」と聞かれても、残念ながら僕にはパッと答えが思いつきません。どこか地球の片隅に、大きく異なる2種類の光合成生物をつなぐ全く新しいタイプの光合成生物が眠っているのが見つかるか、もしくは天才的なひらめきを持った研究者が全く新しい解決方法を提示するか、そのようなことを期待するしかないのかもしれません。

進化というものは、ダーウィン以来、生物学研究の重要な位置を占めているのですが、実際に実験生物学の場において、進化の研究が盛んにされているかと言えば、実はそれほどでもありません。実験科学においては、「検証可能な事実のみを扱う」という原則があります。何か物事を説明するのに、「全ては神の思し召し」と言えば矛盾なく説明はできますが、それを正しいのかどうかを検証することはできないので、実験科学ではそのような方法はとりません。「科学は怪力乱神を語らず」と言ってもよいでしょう。その延長線上で、「進化などは科学ではない」とおっしゃった先生もいました。これは、何万年以上のスケールで起こる進化の過程を、実験的に直接検証できない以上、進化は実験科学の対象となり得ない、という考え方です。「いや、化石という証拠があるじゃないか」、もしくは「進化の結果生じた様々な生物の系統を現時点において調べることができるじゃないか」と反論したくなるかもしれませんが、化石などのデータに基づいてある進化の仮説を立てたとしても、そのような進化を実験室で再現できるわけではありませんから、厳密な意味での実験科学とは言えない、という立場にも一理あるのです。確かに、進化の中でも生物が「種」として分化していく部分を実験的に再現することは難しいでしょう。

しかし、ある生物のある遺伝子が変化して、その結果その生物の生育する速度が元の状態よりも上がって、結果としてその遺伝子の変化を持つ個体が集団内に広まっていくという適者生存の現象を進化としてとらえるのであれば、これを実験的に検証することは可能です。さすがに大きな動物でこのような実験をするのは大変ですが、微生物では、このような適者生存を実験室で観察することが簡単にできます。実際に、僕らの研究室では、シアノバクテリアのある遺伝子が変化すると、特定の環境では元のシアノバクテリアよりも光合成の能力が上がり、結果として、元のシアノバクテリアを駆逐してしまうという光合成能力による適者生存を実験室で確認しています。このような「進化」の実験も、今後の光合成研究のテーマとして面白いのではないかと考えています。

E　地球環境と光合成

進化の道筋というのは過去の話ですが、現在、今後の地球環境はどうなるか、という未来の問題がクローズアップされています。光合成と地球環境の関係については第11章で説明するつもりですが、ここではその研究の方向性についてだけ触れておきましょう。

地球環境に与える光合成のインパクトを研究しようと思ったら、地球全体でどの程度の光合成が行われているのかを調べる必要があります。しかし、これは生やさしいことではありません。従来とられてきた方法は、いわば地球上を細かい四角（メッシュ）に分けて、そのメッシュの中の植物の状態（植生）をいくつかの種類（例えば、サバンナだとか、熱帯雨林だとか）に分類して、その植生ごとの推定光合成速度を足し合わせる、というものです。容易に想像がつくように、メッシュが粗ければあまり大したことは言えませんし、メッシュを細かくしようとすると膨大な労力がかかります。

しかし、最近、人工衛星などによるリモートセンシングの手法が発達してきました。人工衛星から地表の様々な情報を得ることにより、光合成速度まで見積もってしまおうという方法です。海では、藻類やシアノバクテリアがどの程度いるかを、衛星からクロロフィル濃度を測定することによって見積もることができるので、今まで測定に手間がかかっていた海洋での光合成生産の見積もりに特に有効です。このようにして、ある程度、地球規模での見積もりが可能になったのに加えて、現在ではコンピューターの進歩により、その変動の時間変化をシミュレートすることができるようになってきました。このような、地球規模での光合成の見積もりと、コンピューターによる気候変動予測などは、今後の重要な研究テーマの一つになるでしょう。

コラム　マーチンの鉄仮説

海の場合でも池の場合でも、光合成にとって必要な光がいちばん強いのは水面近くです。水面から水深が深くなるにつれて、吸収されたり散乱されたりして光はどんどん弱くなっていきます。一方で、藻類などの光合成生物にとって光と共に重要な窒素やリンといった栄養塩は、水面近くでは少なく、深い部分に多くなっていることが知られています。これは、水面近くの藻類によって無機の栄養塩が吸収されてしまう一方、生物に取り込まれた栄養塩は、その生物が死んだ場合に沈降して深いところへと沈んでいくことによります。ですから藻類にとっては、表面は栄養が足りないし、深いところでは光が足りない、ということでどちらの場所でもどんどん増えるというわけにはいかないのが普通です。しかし、例えば、海流が陸に当たって深いところの水が海面近くに持ち上げられるような場合（これを湧昇といいます）、光の強い場所に栄養の豊富な水が供給され、藻類が大発生することがあります。渦鞭毛藻などの大発生は赤潮を引き起こすので有名です。

ところが、陸から遠い大洋の真ん中では、海面近くの海水にも比較的高い濃度の窒素などの栄養が含まれていることがわかりました。光も窒素も十分であれば、藻類が大発生しそうなものですが、実際には、大洋の真ん中では藻類は多くありません。この原因を考えたアメリカのジョン・マーチンは、大洋では、窒素やリンではなく、微量栄養元素である鉄の欠乏が藻類が生育できない原因ではないか、という仮説を提唱しました。鉄は土砂には比較的高い濃度で含まれますから、陸地の近くの海では十分にあって、その場合は窒素やリンの濃度が重要になるが、大洋の真ん中では鉄の濃度が低く、それが藻類の生長を制限しているので窒素やリンがあっても藻類が少ないのだ、という仮説です。

この仮説を証明するために大規模な実験が行われました。船に何トンもの硫酸鉄を積み込んで、太平洋の真ん中にこぎ出し、そこでその硫酸鉄をばらまいたのです。そうすると数日後にその海域で藻類の量が劇的に増加するのが見られ、同時に無機の窒素濃度などが低下することいが観察されました。このことは、実際に藻類の生育を律していたのが鉄であることを示しています。ただし、藻類の増殖はしばらくすると止まってしまいましたので、一部の人が考えていたように、海洋に鉄をまけば光合成によってどんどん二酸化炭素が吸収されて、地球の二酸化炭素濃度の上昇が止まる、といったことはないようです。これは、取り込まれた鉄が沈降したり拡散したりしてその海域から失われるのが原因でしょう。いずれにせよ、マーチンの鉄仮説自体は、この大規模な実験によってきれいに証明されました。

F　人工光合成

光合成の研究というと、必ず聞かれる質問の一つに「人工光合成はどこまで進んでいるのですか？」というものがあります。そこで、光合成の研究の章の最後として人工光合成を取り上げてみます。

人工光合成がどうなっているのか、という質問に対する答えを考える前に、人工光合成と言った時に、どのようなものを期待しているのか、ということを考えなくてはいけません。光合成の定義については、次の章で考えますが、取りあえず「光のエネルギーを使って二酸化炭素をデンプンに変える働き」としておきましょう。そして、それに相当する「光を当てると空気中の二酸化炭素をデンプンに変換する機械」を人工光合成として期待するのであれば、残念ながら、現時点ではそのような機械は夢のまた夢です。

光エネルギーを電気エネルギーに変えるだけでしたら、太陽電池というのがあります。これなら、ごく一般的なものでも20％程度の変換効率がありますし、十分実用化されていますが、少し「人工光合成」というイメージとは異なりますね。光エネルギーを利用して水を分解する、ということですと、本多・藤嶋効果という日本人が発見した現象があります。これは、水の中の酸化チタンと白金の電極を導線でつないで、酸化チタンの方に光を当てると水が分解されて酸素と水素が発生し、導線に電流が流れる、という現象です。光を当てるだけで燃料として使える水素が発生する上に発電までできるということで、夢のエネルギー源として僕が小学生の頃に新聞記事になりました。ちなみに、この新聞記事は僕が光合成研究者になったきっかけの一つです。

実際には、この反応には光といっても紫外線が必要なこと、またエネルギーの変換効率という面からすると非常に低いことから、エネルギー源としては実用化されませんでした。しかしその後、光を照射した酸化チタンの上での酸化還元反応が汚れの分解に効果的に働くことが見いだされて、現在では様々な分野で「光触媒」として実用化されています。現時点においては、この光触媒をエネルギー源とするには至っていませんが、研究自体は続けられています。例えば、目に見える光をほとんど吸収しない酸化チタンの表面に色素を吸着させることによって可視光でも利用できるようにした「色素増感型」と呼ばれるタイプのものが作られています。このような形で、エネルギー変換の効率も以前に比べれば上がっているようなので、今後実用化される可能性もあるように思います。

光触媒型のエネルギー変換は、酸化チタンという半導体を使っているわけですが、より本当の光合成に近い、電子伝達を行う人工光合成の研究もなされています。本当の光合成においては光を吸収する色素、電子を放出する電子供与体、電子を受け取る電子受容体が、タンパク質上に配置されることによって、適切な位置に固定されます。人工光合成の場合は、タンパク質を使うわけにはいきませんし、適切な位置に固定する、というのがそもそも難しいので、実際には、色素、供与体、受容体を1つの分子にまとめてしまう、というやり方がとられます。例えば、光を吸収する色素としてクロロフィルに似た構造のポルフィリンなどを使い、電子供与体としてはカロテノイドなど、電子受容体としてはキノンやフラーレン（たくさんの炭素原子で構成された分子、サッカーボール状のC_{60}が有名）を用いて、お互いを共有結合で結合させた分子に光を当てると、実際に電子の移動が観察されます。ただ、電子移動の収率は、本当の光合成では100％近いのに対して、人工光合成ではせいぜい10～20％のようですし、さらに分離した電荷のエネルギーを化学的なエネルギーに変換しなくてはなりませんから、道はまだ遠そうです。チェスの名人はコンピューターに負ける時代になりましたが、光合成の分野ではまだ植物が人間に負けそうな気配はありません。

第10章　光合成とはなにか

1　二酸化炭素固定は光合成か?

さて、この章では光合成の定義について考えてみましょう。この光合成の本も第4コーナーを回ったあたりになって、初めてその肝心な主題の定義について考えてみる、というのも妙ですが、これまで紹介してきた光合成のあらましを踏まえた上で、光合成とは何か、を考え直してみるのがよいと思うのです。

今の子供が最初に光合成に出会うのは、もしかしたらゲームの世界でのことかもしれません。「ポケットモンスター」の世界では、「くさタイプ」のポケモンは「こうごうせい」という技を使って体力を回復することができます。小学校の理科では、必ずしも光合成という言葉を習うとは限らないようですが、植物の葉が太陽の光を受けてデンプンなどの養分を作ることは習います。そして、その働きを光合成というのだということは中学の理科ではっきりと習います。ですから、小中学校のレベルでの答えであれば、光合成とは「植物が光によってデンプンなどを作る働き」であることになります。

中学校の教科書では、なぜなのかという理由は述べられていませんが、水、二酸化炭素が光合成に必要で、酸素が発生することがサラッと触れられます。そして、高校になると、光合成により水が分解されて酸素が発生し、二酸化炭素が固定されてデンプンなどの有機物になる、というメカニズムが説明されます。つまり、高校のレベルになると、光合成とは「植物が光によって水を分解して酸素を発生し、二酸化炭素を有機物に固定する反応」ということになります。

ところが、大学になると、光合成細菌というものが出てきます。光合成細菌は、小学校のレベルの光合成の定義である「光によってデンプンなどを作る働き」は持っているので、名前にも「光合成」が付いているのですが、第2章で見たように「水を分解して酸素を出す」という部分を行いません。つまり、高校のレベルの光合成はしないのです。草や木が水（H_2O）を分解して酸素（O_2）を発生する代わりに、光合成細菌は、例えば硫化水素（H_2S）を分解してイオウ（S）を作ります。この場合、酸素やイオウは光合成をする生物にとっては不要なものなので、細胞の外に捨てます。重要なのは残った水素（H）（正確に言うと、他の物質を還元する力）なので、それを得ることができれば、残りが酸素であろうとイオウであろうとかまわないのです。つまり、大学のレベルでは、光合成とは「光によって環境中の物質から還元力を取り出し、その還元力とエネルギーによって二酸化炭素を有機物に固定する反応」ということになります。

大学院で何を教えるかは大学によってバラバラですから、大学院レベルという言い方がよいかどうかは別として、さらに専門的になると光合成とは何かもまた変わります。世の中には独立栄養化学合成細菌という生物がいます。この生物は、無機物の酸化還元のエネルギーを利用して生育することができ、有機物もなければ光もない条件で生きていけるという生物です。光を使わないわけですから、もちろん光合成はしないのですが、有機物を作る反応の材料には光合成と同じように二酸化炭素を使います。さらに言えば、カルビン回路という光合成の二酸化炭素固定経路と全く同じ回路を二酸化炭素の固定に使っている種類もあるのです。つまり、先ほどの光合成の定義のうち「二酸化炭素を有機物に固定する反応」という部分は、別に光合成にだけあるものではなく、化学合成にも共通の反応なのです。

では、なぜ、有機物の固定反応が光合成の一部とされてきたのでしょうか。それは、光合成生物が光のエネルギーを利用して作り出す還元力とエネルギーが二酸化炭素の固定に使われるからです。ところが、生物の体の中で、光合成によって得た還元力とエネルギーを使うのは、二酸化炭素固定だけではありません。例えば、窒素を細胞内に取り入れて窒素化合物として体の中で使えるようにする窒素同化や、同じくイオウを取り入れるイオウ同化といった反応も、みんな光合成の還元力とエネルギーを使っているのです。とすれば、二酸化炭素固定だけを光合成として、残りの窒素同化やイオウ同化を光合成からはずす理由はないことになります。つまり、光合成の最終的な定義は、「光合成とは、光のエネルギーによって環境中の物質から還元力を取り出し、その還元力とエネルギーを用いて行う代謝系を全て含む反応」ということになります。このように定義した場合、事実上、光合成生物の細胞の中のほとんどの反応は、窒素同化であれ、イオウ同化であれ、全て光合成と考えるべきであるということになります。光合成生物が「光のエネルギーを使って生きる」という選択をした時に、細胞内のほとんどの反応は、光合成として位置づけられることになったのでしょう。光合成とは「植物の生き方」そのものなのです。

2 光合成とその他の代謝反応の関わり

細胞内のほとんど全ての反応は光合成である、といった議論は乱暴な印象を与えるかもしれません。しかし、特に単細胞の光合成生物では、組織による細胞の分化がありませんから、細胞全体で光合成をしている、というのはあながち嘘ではありません。例えば、原核生物であるシアノバクテリアの場合、呼吸も光合成も1つの細胞の中で起こります。それだけでなく、光合成の電子伝達の一部、プラストキノンからシトクロム b_6/f 複合体を経てシトクロム c_6 までの部分は呼吸系の電子伝達と共有されていて、呼吸の電子伝達と光合成の電子伝達が一部混ざり合ってしまっているのです。ですから、呼吸基質のＮＡＤＨから出発した電子は、プラストキノンの部分から光合成の電子伝達に入り、光化学系Ｉの反応中心を還元する、ということもあり得ます。それだけではありません。カルビン回路の二酸化炭素固定の代謝系は、ペントースリン酸回路やクエン酸回路といった代謝系とつながっていて、カルビン回路の状況によってクエン酸回路の代謝産物の量が変動するようになっています。

教科書に載っている代謝経路の図を見ると、いかにも1つの代謝系がまとまりを持っているように見えます。しかし、代謝というのは、酵素と基質の反応の集まりであって、酵素も基質も、どの代謝経路に属するものかによって分かれているわけではなく、原核生物では細胞質の中に溶けているものがほとんどです。ですから、いわゆる代謝経路というのは代謝産物の主な道筋を言わば「解釈」したものであって、ここまではカルビン回路である、ここからはペントースリン酸回路である、といった区別は人間が勝手に決めたものなのです。もちろん「勝手に」といっても、意味があると思うからあるまとまりを決めるわけですが、その意味は絶対的なものではないことには注意する必要があります。細胞内のほとんどの反応は光合成であるという言い方は、代謝系が相互につながっている、という点を少し強調しているに過ぎないのです。

コラム 光合成と呼吸の相互作用

高校の生物では、陰生植物・陽生植物というのを習います。これは、日陰などの比較的暗い環境に生えている植物と、直射日光を受けるような明るい環境に生えている植物のことで、種類によって光に対する応答が異なります。横軸に光の明るさを取り、縦軸に光合成の速度を取ったグラフを光－光合成曲線と言いますが、陰生植物と陽生植物の光－光合成曲線を取ると、図10－1のようになります。光の明るさが0のところ、つまり縦軸の付近で光合成速度がマイナスになっているのは、真っ暗では光合成が0になる一方で、呼吸は必ず存在するので、酸素が吸収されて二酸化炭素が放出されるからです。

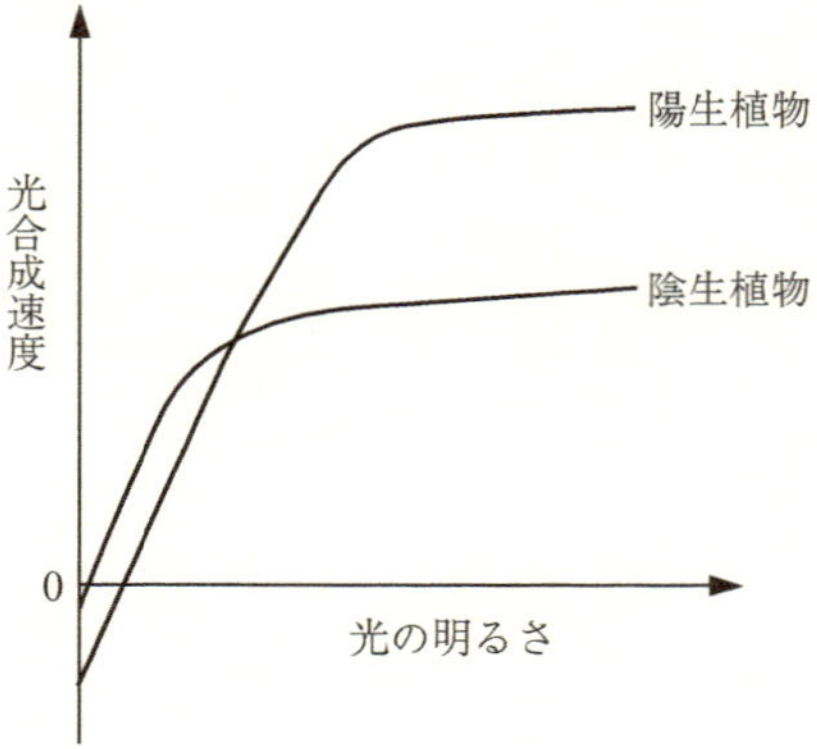

図10-1　光－光合成曲線

教科書では、この図を使って、陽生植物は、光が明るい領域では陰生植物に比べて高い光合成速度を示すが、その代わり呼吸も高く、光が暗い環境下では陰生植物の方が高い光合成活性を示すようになる、と説明します。誰でもなんらかの取り柄はあるものだ、ということでしょう。では、明るいところでは陽生植物のような光合成を行い、しかも、呼吸の速度は低くて、暗いところでもそこその光合成の速度を保つような万能植物を作ることはできないのでしょうか？

陽生植物のホウレンソウと、暗いところでも育つクワズイモを用いて光合成と呼吸を調べたところ、どうも暗いところで育つ植物は、生育が遅いためにエネルギーをあまりたくさん必要とせず、そのため呼吸速度が低いらしい、ということがわかりました。暗いところでは生育が遅く、エネルギーの必要量が少ないこと自体が低い呼吸速度の原因であるとすれば、残念ながら、明るい環境では高い光合成を行ってどんどん生育し、なおかつ、光が弱い時にはあまり呼吸をせずにそこそこ生育する植物を作る、ということは無理そうです。やはり、どのような環境でも最適の光合成を行う、というのは虫がよすぎる話だということでしょう。

第11章　光合成と地球環境

1　生命の起源

この本の最後の章では、地球環境と光合成の関わりを見ていくことにします。その前に「光合成以前」の生命について、少しだけ触れておきます。第1章で光合成が地球上の〝全ての〟生物の生存基盤になっている、と述べましたが、実は例外があります。太陽の光の届かない深海の底に、光合成に依存しない生態系が存在することが1977年に見つかったのです。深海の底から熱水の噴き出しているところがある、ということはその少し前に見つかっていました。そのような熱水噴出口の調査が太平洋のガラパゴス諸島沖で行われた際に、熱水噴出口の周りに生物の集団が発見されたのです。太陽の光の届かない深海底ですから、光合成によってエネルギーを得ることはできません。よく調べてみると、この生態系では、熱水噴出口から湧き出す熱水および周囲の海水に含まれる無機物をエネルギー源として用いていることが明らかになりました。そして、生態系を支える一次生産者は光合成生物であるという従来の生物学の常識を大きく揺るがしたのです。この生態系は、チューブワームや貝などの無脊椎動物を含み、それらの動物は、共生している化学合成細菌が生み出すエネルギーに依存していました。

しかし、この生態系といえども、光合成と完全に無縁ではありませんでした。すなわち、生態系を構成する無脊椎動物は酸素呼吸をしており、また、化学合成細菌の一部も、エネルギーを得るために酸素を使っていました。しかし、酸素分子というのは、もともと地球に豊富にあったものではなく、現在大気中にある酸素のほとんどは光合成によって作られたものなのです。エネルギー的には光合成に依存しない熱水噴出口付近の生態系も、物質の面では、海水の循環によって表層から運ばれる光合成起源の酸素に依存しているようです。

では、光合成が出現する前の生物はどのように生活していたのでしょう。現在の熱水噴出口の生態系が酸素に依存しているとしても、化学合成細菌の中には、酸素を使わずに二酸化炭素を酸化剤とし水素や硫化水素を還元剤として用いてエネルギーを生み出すことができるものがいます。例えば、メタン合成細菌という古細菌の仲間は、水素を還元力として、二酸化炭素を酸化剤兼炭素源として使うことができます。地球に最初に生まれた生物がどのようなものであったかは知るよしもありませんが、それらはメタン合成細菌のような代謝系を持っていた可能性は十分にあります。

地球上最初の生物がどこにいたかについても、直接的な証拠は全くありません。しばらく前までは、生命は浅い海で生まれたとされていました。しかし最近は、最初の生命は深海の熱水噴出口で生まれたのではないかという説が有力になってきています。第3章のコラムで触れましたが、光合成色素の起源自体も、熱水噴出口の生態系にあるのではないか、という話もあります。

そのような場所で生命が生まれたとすると、地球外生命の存在の可能性も十分に考えられるかも知れません。今のところ、地球と比較的似た環境を持つ火星においても、生命の痕跡は見つかっていません。しかし表面は氷点下の温度を示す惑星や衛星であっても、内部に潮汐力や放射性物質の崩壊による熱源がある場合は、地中に液体の水が存在している可能性があります。例えば、土星の衛星エンケラドスではそのような可能性が示されており、地球における熱水噴出口にみられるような生態系が地中に存在しているのではないか、という議論がされています。

2　地球の成立

太陽系が成立して地球が形づくられたのは約46億年前と言われています。太陽の周りを回っていた無数の微惑星がお互いにぶつかりながら融合することによって少しずつ成長し、現在の8つの惑星が残ったと考えられます。微惑星同士の衝突の際には、運動エネルギーが熱の形で放出されますから、大きくなっていく過程で地球の温度は上昇したでしょう。球の半径が大きくなると、体積は半径の3乗に比例して増えていくのに対して、表面積は半径の2乗に比例して増えるだけですから、大きくなればなるほど持っている熱量に対して表面から逃げていく熱量の割合は小さくなります。地球の温度は上昇して、いったんは表面全体がマグマになるような温度になったと考えられます。岩石や氷が溶ければ、ガスや水蒸気が放出されますので、この時点では大気が出現していたでしょう。水素やヘリウムは軽いのですぐに宇宙空間へ拡散し、原始地球の大気は二酸化炭素と窒素と水蒸気が主成分だったと考えられます。特徴的なのは、現在の大気の約2割を占める酸素は、太古の地球の大気にはほとんど含まれていなかったということです。

さて、時間が経って地球の軌道に交差するような微惑星が地球に取り込まれてしまうと、その後は衝突が少なくなりますから、地球は徐々に冷えていくことになります。そして、大気の温度が水の沸点を下回ると、水蒸気が水になり、雨が降って海洋が出現します。地球に海洋が出現した時期は、その形成に水を必要とする花崗岩や枕状溶岩といった岩石の存在から推定されていて、約40億年前とされます。面白いのは、生物の出現は、海洋の出現の直後（といっても地球の時間スケールですから1億年の誤差は平気でありそうですが……）だと考えられることです。水という物質は、物理化学的に見て極めて特殊なものですが、生命の出現には液体としての水の存在が必要不可欠であったのでしょう。最古の原核生物の化石と思われるものは35億年前までさかのぼり、おそらく光合成細菌もそのころに存在していたかもしれませんが、それらが地球環境に与える影響はほとんどなかったと言ってよいでしょう。

しかし、約27億年前に酸素発生型の光合成を行うシアノバクテリアが出現すると事情は変わります。環境中に豊富に存在する二酸化炭素が光のエネルギーによって酸素に変換され始めたからです。ただし、すぐに大気中の酸素濃度が上がり始めたかと言うと、そうでもなかったようです。これには、いくつか原因があります。一つは海洋中の鉄イオンです。

当時の海の水には鉄イオンがたくさん含まれていました。そこへ酸素が放出されると、鉄が酸化鉄になって海底に沈みます。現在、人間が鉄鉱石として利用しているものは、多くがこの時期に沈殿した酸化鉄なのです。最初のうちは、酸素は、海の鉄イオンの酸化に使われてしまうので、酸化鉄への変化によって海水中の鉄イオン濃度が十分下がるまでは、大気中の酸素濃度の上昇は抑えられたはずです。

もう一つの要因は、有機物の分解です。光合成で二酸化炭素が酸素に変換されても、その光合成生物が死んで分解されてしまえば、その発生した酸素量のうち、ほとんどが有機物の分解に使われてしまいます。第1章の「地球をめぐる物質の循環」のところを思い出して頂ければ、呼吸と光合成が釣り合っている限り、酸素濃度、二酸化炭素濃度は変化しないはずです。酸素濃度が上昇するためには、光合成によって酸素が発生するだけでは不十分で、それに加えて有機物が分解されずに蓄積されることが必要です。ですから、海の中で言えば、有機物が深海に沈むとか、堆積物の中に閉じ込められるとかいったことが起こることによって初めて二酸化炭素濃度が減少し、酸素濃度が上昇するのです。

少し話題がそれますが、これは「森は二酸化炭素を吸収する」というような場合にも言えます。森の植物が光合成により二酸化炭素を吸収して酸素を発生していること自体は間違いないのですが、森の木の葉が虫や動物に食べられたり、枯れた木が腐っていったりという、森の生態系全体を考えた場合には、二酸化炭素の吸収はそれほど大きくなくなってしまいます。それでも若い森林であれば幹が太っていく分がありますから、有機物が蓄積されてその分の二酸化炭素が吸収されますが、極相林のように一定の状態に落ち着いてしまったような森では、植物が光合成により固定している二酸化炭素のかなりの部分は、再び呼吸などにより大気に戻る計算になります。

海の場合に話を戻すと、例えば地球に大陸が誕生して河川により大陸の土砂が海に運ばれるようになると、その土砂に有機物が閉じ込められるようになるので、酸素濃度の上昇は大きくなると予想できます。いずれにせよ、大気中の酸素濃度の上昇は、酸素発生生物の出現と同時に突然起こったものではなく、海洋中の鉄イオンの濃度や河川が運ぶ土砂の量といった、一見無関係の事柄に左右されながら、今から5億年前ぐらいまでの間に起こったと考えられます。

3　酸素が与えた影響

この光合成によって生み出された酸素は、生物および地球の環境に極めて大きな影響を与えま

した。この影響を考えるにあたって重要なことは、「酸素というのは基本的に生物にとっては毒である」ということです。生物を構成する有機物は、糖であれ脂質であれ、二酸化炭素を還元して作られます。極端な言い方をすると、生物の体の構成成分の多くは「還元剤」ですから、酸素とはもともと反応しやすいわけです。当然のことながら生体物質の一部が酸素と反応してしまったら、たとえ、その反応が有機物を二酸化炭素まで酸化するような極端な酸化反応ではなかったとしても、生体物質のもともとの性質が失われてしまい、生命の機能を維持できなくなってしまいます。

いわゆる活性酸素というのは生物にとって毒であると考えられていますが、活性酸素の一種のスーパーオキシドアニオンと他の物質との反応性は、実は酸素の場合とさほど変わらないのです。シアノバクテリアが誕生した当時の地球の生物にとって、シアノバクテリアはいわば毒ガスをまき散らしながら生きていくとんでもない生物であったでしょう。しかも、このシアノバクテリアは、特に有機物がなくても光のエネルギーだけで生きていけるのですから始末に負えません。シアノバクテリアが繁栄するのに伴い、地球の環境は（他の生物からすれば）急激に悪化し、酸素に弱い生物は、大気に直接触れない土壌中や、深い水の中など、地球の片隅で細々と生きていくしかなくなりました。

　このような状況の中で「災いを転じて福となす」を地でいったのが好気呼吸をする生物です。前に少し触れたように、呼吸のメカニズム自体の起源は光合成によって地球上の酸素濃度が上がる前にまでさかのぼると考えられますが、低い酸素濃度においては、呼吸もその利点を十分に生かすことができません。しかし、酸素が十分にあれば、第4章で見たように好気呼吸は発酵とは比べものにならないくらい大きなエネルギーを有機物から得ることができるのです。現在の地球上の生物の中で大きな細胞を持つ真核生物は大きな位置を占めますが、これには好気呼吸の存在が不可欠であったと考えられます。

　前の節で地球の大きさと表面積の話をしましたが、同じことは細胞にも当てはまります。細胞の半径が大きくなると、その体積は半径の3乗に比例して大きくなります。ですから、細胞に必要な物質の量も半径の3乗に比例して大きくなることになります。一方で、必要な物質は細胞の表面から取り入れることになりますが、こちらの表面積は半径の2乗に比例するだけです。ですから、細胞が大きくなればなるほど、必要な物質を取り込むのが困難になってきます。さらに、真核生物では細胞が大きいだけではなく、細胞の中にオルガネラという区画が存在していますから、その区画の間で物質をやり取りする必要も生じます。それらの困難を克服するために使われるのが、能動輸送です。能動輸送では、物質の移動を、単に拡散によって広がっていく(受動輸送)のに頼るのではなく、エネルギーを使って効率的に行います。逆に言えば、真核生物の大きな細胞とオルガネラは、大気中の酸素濃度が増えて好気呼吸によるエネルギーの供給が可能になったことによって発達したと考えることもできるでしょう。

こうして、光合成による酸素の発生は、生物界において好気呼吸を通して真核生物の誕生を後押しし、多細胞生物と最終的にはヒトへと続く進化の道筋を切り開くことになりました。一方で、光合成による酸素発生は、地球環境自体にも大きな影響を与えました。前節で海洋の鉄イオンが酸化されて沈殿していく、ということについて触れましたが、これもそのような環境変化の1つです。また、大気では、酸素濃度の上昇に伴って二酸化炭素濃度は減少します。原始大気が、二酸化炭素・窒素・水蒸気からなっていたのに対し、窒素・酸素・水蒸気という現在の大気組成に変化することになります。この変化に伴い、二酸化炭素による温室効果は小さくなりますから、おそらく地球の温度はより低下するようになったでしょう。生命が発生した時期の地球の温度が現在よりだいぶ高かったとする地質学的な根拠はどうもないようですが、生物の進化の系統樹を見る限り、古い起源の生物に高い温度で生育する好熱性の生物が多く、生物学者としては生物の進化の過程で地球の温度は低下していったと考えたいところです。そして、光合成による大気中の二酸化炭素濃度の減少は、この考え方とよく合います。

酸素濃度の上昇のもう1つの結果は、オゾン層の形成です。大気に酸素が存在すると、太陽からの短波長の紫外線などによって大気上層にオゾンの層が生成します。そして、このオゾンは酸素が吸収するよりも少し長波長まで紫外線を吸収します。大気中の酸素濃度の増大とオゾン層の形成によって、地表まで届く紫外線、特にＵＶ－Ｂ、ＵＶ－Ｃと呼ばれる紫外線の中でも波長の短い光は、非常に弱くなりました。大気組成の変化自体は地球環境の変化ですが、今度はこれが生物に影響を与えることになります。

生命にとって必須のＤＮＡ、ＲＮＡは紫外領域の吸収を持っていて、紫外線を吸収すると構造に異常を生じます。そのため太古の地球では、紫外線が吸収されて届かない水中にのみ、生物は生存可能だったと考えられます。しかし、オゾン層の形成に伴って地表に降り注ぐ紫外線の量が減ると、生命は陸上へ進出することができるようになったのです。最初に上陸した生物は、自分以外に生物はいないわけですから、他の生物を食べないでも生きていける光合成生物だったでしょう。最初の陸上植物はコケの仲間だったようですが、それ以前にも藻類やシアノバクテリアなどが陸に上がっていたでしょう。現在の地表は多くのところで土に覆われていますが、いわゆる有機物に富んだ土壌というのは植物が作ったものです。植物が根を伸ばすことによって岩石の風化は促進されますし、落ち葉や枯れ枝が有機物を供給します。つまり、それまで植物がなかった太古の地球の陸上には現在考えるような土壌は存在しなかったはずです。そのような栄養がほとんどない場所で生きていけるのは、空中の窒素を栄養として取り込むことができる窒素固定を行うタイプのシアノバクテリアだったかもしれません。

イシクラゲというシアノバクテリアは、芝生の上などで見られ、当然天気の良い日は乾燥してしまうのですが、特別な物質を分泌することによって乾燥した状態を生き抜き、雨が降って水分が供給されると、また乾燥するまでのしばらくの間光合成をして生育する、という生活を送っています。シアノバクテリアや緑藻が菌類と共生関係にある地衣類という生物も、やはり強い乾燥耐性を持っています。このような乾燥耐性を持っていて、かつ窒素固定の能力のある生物ならば、土壌のない陸上でも生育できたでしょう。いずれにしても、有機物はほとんどないわけですから、光合成の能力が必要なことはもちろんです。やがて光合成生物によって土壌が形成されるとより高等な植物も生育できるようになり、現在の緑なす地球へと変遷していったのでしょう。

コラム　スノーボールアース

自然界のものごとはたいていの場合、ゆらゆら動きながらも一定の範囲に留まっているものです。例えば、人間の体温は、外の温度が上がると汗をかいて温度を下げ、外の温度が下がると震えて温度を上げる、といった調節をすることによって温度を一定の範囲に保っています。このように、外からの変化を打ち消す方向の反応が起こる場合は、それがどのようなシステムであれ、システムを一定の安定な状態に保ちます。

一方で、もし外からの変化を拡大する方向の反応が起こる場合は、システムはスイッチのように2つの状態のどちらかをとるようになります。例えば、地面に雪が積もると白い雪が太陽の光を反射するので、地面が暖まらずなかなか雪が溶けません。しかし、いったん雪が溶け出して黒い地面がむき出しになった場所が生じると、今度はそこが太陽の光によって暖まり、周囲の雪がさらに溶ける、という一種の連鎖反応が起こって、一気に雪が溶けてなくなります。この場合、雪が積もっている状態と、雪が溶けている状態が安定で、その間の、はだれに残る淡雪の状態は不安定であることになります。そして、これが地球全体にも当てはまるのではないか、というのがスノーボールアース（雪玉地球）説の発端です。

現在の地球では高緯度地方にのみ氷河があります。この氷河も白くて反射率が高いので、氷河が多くなると太陽の光が反射されて地球が寒冷化し、さらに氷河が増えて……、という連鎖反応が起きて地球全体が一気に氷河で覆われるような状態になるのではないか、というわけです。地球全体が雪玉のようになるというわけでスノーボールアースという名前が付けられました。そして、実際に赤道付近にまで氷河が進出していたことがあることを示す地質学的な証拠も見つかり、現在では、多くの地質学者に認められた説になっています。実際には、過去にそのような状態を地球は何度も経験しているようで、酸素発生型光合成生物の進化による二酸化炭素の吸収がスノーボールアースへの引き金を引いたのではないか、という論文も出ています。地球全体が氷河に覆われていたのがいつのことだったのか、という点に関してはまだ確定的ではないようですが、いちばん最後のスノーボールアースの出現は真核生物が発達したあとにあったという説まであり、その場合、その時期を生物がどのように過ごしていたか、という問題が生じています。

4　地球温暖化

昔は「地球に比べたら人間の営みなどちっぽけなものさ」とうそぶいていられたのですが、残念ながら地球の人口が数十億人に達した現在は、人間の営みが地球環境を左右するまでになっています。いわゆる「地球環境問題」というものにはいくつかありますが、それらは、みな、光合成と密接な関係を持っています。まずは、地球の温暖化について考えてみます。

客観的事実として、20世紀に入って、

(1)人間の経済活動や化石燃料使用量は増大し
(2)大気中の二酸化炭素濃度は上昇し
(3)地球の平均気温は上昇

しています。また、二酸化炭素という物質の性質として赤外線を吸収するという事実があります。ここで、第1章の「地球をめぐるエネルギーの流れ」のところでお話しした、地球に入射する太陽光のエネルギーと地球から出ていく赤外線のエネルギーのバランスが地球の温度を決めているという事実を考え合わせると、3つの事実の間に、化石燃料を燃やすと二酸化炭素が放出され、大気中の二酸化炭素濃度が上がると、赤外線の宇宙空間への放射が抑えられて、結果として地球の温度が上がる、という因果関係を仮定することができます。これは、いかにもありそうな話ですし、これを支持する様々な測定結果も得られています。

しかし、全ての人がこの因果関係が正しい、と考えているわけではありません。因果関係に疑問を持つ人たちにとっては、AとBという2つのことが同時に起こったとしても、Aが起こったからBが起こったという因果関係の証明にはならない、ということが主な問題点でしょう。その他の可能性として、

(1)Aが起こることと、Bが起こることは本来無関係なのだが、偶然、重なって起こった

もしくは、

(2)実は、Bが起こるとAが起こる、という逆の因果関係が存在した

という2つのケースが考えられるからです。

地球温暖化に関しては、いろいろな観測精度が上がってきた現在、観察されている現象が偶然に重なって起こっている可能性はほとんどないように思われます。過去に、人間の活動とは無関係に二酸化炭素濃度が上昇したことは何度もありますが、現在の大気の二酸化炭素濃度の上昇は、過去65万年の変化とは比べものにならないほど大きなものです。また、変化のスピードを考えても、地球の歴史から考えればほとんど無視できるような100年といった短い期間内に大き

な変化が起こっています。また、因果関係の方向に関しても、気温が上がったから、もしくは二酸化炭素濃度が上がったから人間の経済活動が増大した、ということはないでしょうから、基本的には現在見られている様々な環境変動の原因が、人間の活動にあることは間違いないように思います。

ただ、人間の活動の増大と気温の上昇の因果関係の間を二酸化炭素の濃度の上昇が結んでいるのかどうかについては、「100％確か」とは言えないかもしれません。例えば、水温が上がると二酸化炭素に限らずガスの溶解度は一般に低下しますから、地球の温度が上昇すると、海水から二酸化炭素が放出されて大気中の二酸化炭素濃度は上昇するかもしれません。2つの現象が同時に起こっているのは確かだとしても、因果関係は逆かも知れないのです。

しかし、たとえ二酸化炭素濃度の上昇が地球の気温の上昇の直接の原因ではない可能性が多少あるとしても、そのことは必ずしも問題の本質ではないように思います。人間の経済活動が現在起こっている地球環境変動の引き金になっていることは確かだと思いますし、二酸化炭素の排出量は、経済活動の規模の良い指標になります。その意味で、二酸化炭素の排出量を抑えるという、現在の地球温暖化対策の枠組みは、たとえ二酸化炭素濃度の増大が地球温暖化の直接の原因ではなかったとしても有効でしょう。重要なことは、地球の人口がこれだけ増え、人間の経済活動がこれだけの規模になった現在、地球環境を変化させ、場合によっては破壊してしまいかねない存在に人類がなっているという認識でしょう。昔は川に排水や廃棄物を流しても「三尺流れれば水清し」と言ってすましていられたのが、人口が多くなったらそうは言っていられないという地域での現象が、地球規模に拡大しているわけです。

この章の2節「地球の成立」で触れましたが、地球の大気の二酸化炭素濃度がどれだけ光合成により減少するかは、光合成の結果二酸化炭素がどれだけ固定されるかによるのではなく、固定された炭素、つまり有機物がどれだけ分解されずに蓄積するかが重要です。そして、過去に蓄積された有機物こそがまさに現在の石油・石炭といった化石燃料です。人間は、このエネルギーの歴史的缶詰を開けて利用しているわけですが、当然のことながら、その際には蓄積されていた二酸化炭素が再び大気に戻ります。この二酸化炭素を再び有機物に戻すためには、単に、光合成によって有機物に変換するだけではなく、できた有機物を分解しないように蓄積しなくては意味がありません。したがって大気中の二酸化炭素濃度を減らすためには、単に光合成を促進するだけでは足りず、光合成の産物を分解しない安定な物質に変換することが必要ですが、これはなかなか難しい問題です。これに代わる方法は、光合成的に作られた有機物をエネルギー源として使って、その分、石油や石炭の使用を減らすというものです。いわゆるバイオマスエネルギーですね。

ところが、これにも問題があります。エネルギーとして使いやすい光合成産物は、たいてい食べ物としても使いやすいのです。つまり、植物による限られた光合成生産を、エネルギーと食糧の間で奪い合うことになりかねません。現実に、バイオマスエネルギーの利用が拡大することによって食料品の値段が上昇するといったことが起こりつつあります。植物の食糧にはならない部分をエネルギー源とするための研究も進められてはいますが、まだ難しいようです。

5　持続可能性

もし、前の節の最後が尻切れトンボの印象を与えたとすれば、それは、現在の地球環境問題の難しさを反映しているのではないかと思います。現在の地球では、動物の中で人間の占める割合は重量で計算して2割とも言われています。いわゆる食物連鎖のピラミッドは、上位のものほどその存在量は小さくなることを考えると、万物の霊長を自称する人間が動物の2割を占めるという事態は、生態学的に見て明らかに異常です。その異常な状態をそのままにしておいて、結果として生じた環境問題だけを科学の力で改善する、というのはどうも無理に思えます。

フロンの使用に起因するオゾンホールの場合は、フロンの使用が制限されたことによって、将来的にはもとの状態に戻りそうだ、というところまでこぎ着けました。しかし、これは皮肉な言い方をすれば「フロンの使用が現在の人類の生活レベルの維持に必要不可欠ではなかったから」なのです。化石燃料の使用といったより経済と密接に関係する問題の場合は、フロンで行われたような制限は極めて大きな抵抗を受けるでしょうし、現に受けているわけです。しかも地球環境問題の恐ろしいところは、スノーボールアースのコラムで触れたように、もしかしたら、ある臨界点を越すと現在とは似ても似つかない環境条件に急激に変化する可能性のあることです。地球環境の変化は「急激に」といっても通常は人間の目から見るとほとんど変化しないように見えるものですが、ここ100年間の二酸化炭素濃度の変化の速度は、人間の目から見てもかなり急と言ってよいでしょう。残念ながら、事態はあまり楽観できないように思えます。

ただ、植物の光合成をする能力自体に問題が生じているわけではありません。単に、植物の光合成とバランスを取ることが可能である範囲から、人間の経済活動が逸脱しているだけです。砂漠化が進んでいるような地域でも、別に植物がおかしくなって生えなくなったわけではなく、家畜の過放牧などの人間活動が原因になっているわけです。砂漠化に関しても臨界点が存在しますから、いったん砂漠になった地域に植物が生えるようになるには時間がかかりますが、不可能なことではありません。条件さえ整えば、鳥取砂丘のように草原化の進行が問題になるぐらいです。庭の草取りに精を出したことのある人なら、植物が生えない状態を維持する方が難しいことは実感できるでしょう。

なんらかの形で人間の活動が抑制されれば、黙っていても地球環境は正常な状態に復帰するでしょう。今まで人間は、光合成が与えてくれた様々な贈り物、つまり食糧としての有機物、呼吸をするための酸素、紫外線から守ってくれるオゾン層、現代文明の基礎となった鉄鉱石と化石燃料、といったものの恩恵を受けてきました。そして、現在も植物は有機物を合成し、酸素を発生し続けているわけですから、その光合成の能力の範囲内で人間が活動する分には、その恩恵を受け続けていられるわけです。そのような持続可能性を維持していけるかどうかが今後の課題となるでしょう。

もし光合成に興味を持ったら読む本

この本を読んで、光合成やその周辺の科学に興味を持った方のために参考になるような本を以下に挙げておきます。

(1)光合成の本

『**光合成の科学**』東京大学光合成教育研究会編、東京大学出版会、2007年、3990円

光合成の教科書で一般向けというのは、実はあまりないのですが、中でも、まあ、やさしめなのがこの本です。大学生なら読めるでしょうし、優秀な高校生なら何とかなると思います。光合成に関して、そのメカニズムから環境への影響まで、一通りのことは網羅してあるので、なかなか便利です。実は僕も著者の一人なのですが、時々、この本で調べたりすることがあります……。

『**植物が地球をかえた!**』葛西奈津子著、化学同人、2007年、1260円

この本を読むと、研究者へのインタビューなどを通して、光合成の研究者が、どのようなことを面白いと思って研究しているのかが見えてくると思います。光合成の個々の項目を学ぶための

本ではありませんが、それよりも重要な、光合成研究における「視点」を知ることができるでしょう。値段もお手頃なところがいいですね。

『光合成』朝倉植物生理学講座3、佐藤公行編、朝倉書店、2002年、4095円

朝倉書店では、昔から植物生理学の教科書のシリーズを出していて、これは、その一巻です。シリーズは約10年ごとに改訂されているので、ある程度新しい情報が得られます。『光合成の科学』よりは、少し専門的で、大学生から大学院生向けでしょう。

『光合成事典』日本光合成研究会編、学会出版センター、2003年、8400円

光合成について、何か事実を調べようと思ったら、この本がいちばんです。それぞれの項目をその項目を専門とする人が、きちんと書いていますから、かなり詳しい情報まで得ることができます。ただ、初心者がパッと調べるには、ちょっと表現が難しいかもしれません。値段もかなりなものなので、よほど興味がある人でない限り自分で買うことはないかと思いますが、図書館で借りることはできるでしょうし、図書館にない時も、最近は希望を出すと入れてくれる場合が多いと思いますので、何とかなるのではないかと思います。

(2) 植物と生物の進化の本

『藻類30億年の自然史　藻類からみる生物進化』井上勲著、東海大学出版会、2006年、39

90円

これは、光合成生物の進化に興味のある人だったら、まず買って損のない本です。光合成生物の進化を考える上で、「共生」というものの重要性がよくわかりますし、なにより著者の研究に対する夢が感じられるところがすばらしいですね。

(3)地球の歴史などの本

『生命と地球の歴史』岩波新書、丸山茂徳・磯﨑行雄著、岩波書店、1998年、819円

これは新書ですし、光合成が地球環境に与えたインパクトに興味があったら、是非買って読んでおきたいところです。酸素発生型の光合成が地球上に出現した時期について、昔の教科書では27億年前と書いてあったのが、しばらく前に35億年前になり、最近また27億年前に戻っていますが、そのあたりの経緯も丁寧に説明されています。

『生命と地球の共進化』NHKブックス、川上紳一著、日本放送出版協会、2000年、1071円

これは、『生命と地球の歴史』と同じく地球の歴史と生命の進化の相互作用を扱っています。『生命と地球の歴史』が一つの立場に立って明確なストーリーで引っ張る本だとすれば、こちらの本は様々な可能性を提示するところに特徴があります。

あとがき

初夏の山をハイキングしながら鳥の声に耳を傾ける時、心地よい疲れにひたる体の中で心がふっと静まるのを感じることがあります。この時期には、様々な鳥のさえずりを聞くことができますが、既に青葉が山を覆っていますので、なかなか姿を見ることはできません。一緒に歩いている家族に「ほら、今オオルリの声が聞こえたでしょ」と言っても、たいていは「鳥の声なんてしてたっけ?」という返事が返ってくるのが関の山です。面白いもので、鳥に関する知識があってそのさえずりを知っている人には聞こえる声も、知識がない人にとっては、何の鳥の声か聞き分けられないだけではなく、その声そのものが聞こえないのです。同じことは、道ばたの草にも言えます。植物に興味のある人にとっては、道の角を曲がるたびに目に飛び込む野山の花も、興味のない人にとってはどれも「ただの草」であって、そもそもそこに生えていることすら意識にのぼりません。人は自分の見たいものしか見ないのです。

僕が読者の皆さんに望むのは、この本を読み終わったあとに光合成に少しでも興味を持つようになり、それによって、今までは見えなかったものが見えるようになることです。古今和歌集に載る平貞文の歌「秋風の吹き裏がへす葛の葉のうらみても猶うらめしき哉」などに歌われている「葛の葉裏」という言葉は、葛の葉が風にひるがえって裏を見せた時、その葉裏の白さが目立つことから歌に詠まれるようになりました。しかし、この本をお読みになった方は、その葉裏の白さには重要な意味が隠されていることがおわかりになったことと思います。おそらく、光合成についてのいろいろな知識を頭に置いて世界を眺める時、植物はもちろんのこと、植物にまつわる文学、植物と動物の関係、地球環境問題などといった様々な物事について今まで見えなかったものが見えてくるのではないかと思います。単に、光合成に関して知識が増えたというだけではなく、新しい世界の見方を発見するお手伝いができた時に、この本の本当の目的が達せられたことになるでしょう。

この本の執筆を依頼されたのはもう2年以上前のことになります。東京大学理学部の寺島一郎さんを通じてブルーバックス編集部の梓沢さんから依頼があった時は、もっと早くに書けるかと思っていたのですが、「やさしい入門書でありながら、教科書として基本的な事項は押さえてほしい」という注文を、どのようにこなすかという点に時間がかかってしまいました。だいたいの原稿ができた段階で、寺島さんと筑波大学の野口巧さん、埼玉大学の日原由香子さんに原稿を読んでいただき、いろいろ不備を指摘していただきました。寺島さんからは、コメントが書き込まれた原稿と共に参考図書が6冊ほど、どんと送られてきて、「不勉強を何とかせい」という厳しいながらも温かな激励に感激しました。最終的にここにまとまったものがお眼鏡にかなうものになったのであればよいのですが。この他、東京工業大学の久堀さんにはＡＴＰ合成酵素についていろいろとご教示いただきました。また、東京大学教養学部の箸本さんと筑波大学の井上勲さんには顕微鏡写真を提供していただきました。お世話になった皆様にお礼申し上げます。

さくいん

【数字、アルファベットほか】

【あ行】

【か行】

【さ行】

【た行】

【な行】

【は行】

【ま行】

【や行】

【ら行】

N.D.C.471.4　261p　18cm

ブルーバックス　B-1612

光合成《こうごうせい》とはなにか

生命システムを支える力

2008年９月20日　第１刷発行
2025年８月７日　第15刷発行

著者　園池公毅《そのいけきんたけ》
発行者　篠木和久
発行所　株式会社講談社
〒112-8001 東京都文京区音羽2-12-21
電話　出版　03-5395-3524
販売　03-5395-5817
業務　03-5395-3615
印刷所　（本文表紙印刷）株式会社ＫＰＳプロダクツ
（カバー印刷）信毎書籍印刷株式会社
本文データ制作　講談社デジタル製作
製本所　株式会社ＫＰＳプロダクツ

定価はカバーに表示してあります。

落丁本・乱丁本は購入書店名を明記のうえ、小社業務宛にお送りください。送料小社負担にてお取替えします。なお、この本についてのお問い合わせは、ブルーバックス宛にお願いいたします。

ISBN978−4−06−257612−3

発刊のことば

科学をあなたのポケットに

二十世紀最大の特色は、それが科学時代であるということです。科学は日に日に進歩を続け、止まるところを知りません。ひと昔前の夢物語もどんどん現実化しており、今やわれわれの生活のすべてが、科学によってゆり動かされているといっても過言ではないでしょう。

そのような背景を考えれば、学者や学生はもちろん、産業人も、セールスマンも、ジャーナリストも、家庭の主婦も、みんなが科学を知らなければ、時代の流れに逆らうことになるでしょう。

ブルーバックス発刊の意義と必然性はそこにあります。このシリーズは、読む人に科学的に物を考える習慣と、科学的に物を見る目を養っていただくことを最大の目標にしています。そのためには、単に原理や法則の解説に終始するのではなくて、政治や経済など、社会科学や人文科学にも関連させて、広い視野から問題を追究していきます。科学はむずかしいという先入観を改める表現と構成、それも類書にないブルーバックスの特色であると信じます。

一九六三年九月

野間省一

ブルーバックス　生物学関係書 (I)

1073 へんな虫はすごい虫　安富和男
1176 考える血管　児玉龍彦／浜窪隆雄
1341 食べ物としての動物たち　伊藤　宏
1391 ミトコンドリア・ミステリー　林　純一
1410 新しい発生生物学　木下　圭／浅島　誠
1427 筋肉はふしぎ　杉　晴夫
1439 味のなんでも小事典　日本味と匂学会＝編
1472 DNA（上）　ジェームス・D・ワトソン／アンドリュー・ベリー　青木　薫＝訳
1473 DNA（下）　ジェームス・D・ワトソン／アンドリュー・ベリー　青木　薫＝訳
1474 クイズ　植物入門　田中　修
1507 新しい高校生物の教科書　栃内　新　左巻健男＝編著
1528 新・細胞を読む　山科正平
1537 「退化」の進化学　犬塚則久
1538 進化しすぎた脳　池谷裕二
1565 これでナットク！　植物の謎　日本植物生理学会＝編
1592 発展コラム式　中学理科の教科書　第2分野（生物・地球・宇宙）　石渡正志　滝川洋二＝編
1612 光合成とはなにか　園池公毅
1626 進化から見た病気　栃内　新
1637 分子進化のほぼ中立説　太田朋子
1647 インフルエンザ　パンデミック　河岡義裕／堀本研子
1662 老化はなぜ進むのか　近藤祥司
1670 森が消えれば海も死ぬ　第2版　松永勝彦
1681 マンガ　統計学入門　アイリーン・マグネロ＝文　ボリン・V・ルーン＝絵　神永正博＝監訳　井口耕二＝訳
1712 図解　感覚器の進化　岩堀修明
1725 魚の行動習性を利用する釣り入門　川村軍蔵
1727 iPS細胞とはなにか　朝日新聞大阪本社　科学医療グループ
1730 たんぱく質入門　武村政春
1792 二重らせん　ジェームス・D・ワトソン　江上不二夫／中村桂子＝訳
1800 ゲノムが語る生命像　本庶　佑
1801 新しいウイルス入門　武村政春
1821 これでナットク！　植物の謎Part2　日本植物生理学会＝編
1829 エピゲノムと生命　太田邦史
1842 記憶のしくみ（上）　ラリー・R・スクワイア　エリック・R・カンデル　小西史朗／桐野　豊＝監修
1843 記憶のしくみ（下）　ラリー・R・スクワイア　エリック・R・カンデル　小西史朗／桐野　豊＝監修
1844 死なないやつら　長沼　毅
1849 分子からみた生物進化　宮田　隆
1853 図解　内臓の進化　岩堀修明

ブルーバックス　生物学関係書（II）

1861 発展コラム式　中学理科の教科書　改訂版　生物・地球・宇宙編　石渡正志／滝川洋二＝編
1872 マンガ　生物学に強くなる　堂嶋大輔＝作　渡邊雄一郎＝監修
1874 もの忘れの脳科学　苧阪満里子
1875 カラー図解　アメリカ版　大学生物学の教科書　第4巻　進化生物学　D・サダヴァ他　石崎泰樹／斎藤成也＝監訳
1876 カラー図解　アメリカ版　大学生物学の教科書　第5巻　生態学　D・サダヴァ他　石崎泰樹／斎藤成也＝監訳
1889 社会脳からみた認知症　伊古田俊夫
1898 哺乳類誕生　乳の獲得と進化の謎　酒井仙吉
1902 巨大ウイルスと第4のドメイン　武村政春
1923 コミュ障　動物性を失った人類　正高信男
1929 心臓の力　柿沼由彦
1943 神経とシナプスの科学　杉　晴夫
1944 細胞の中の分子生物学　森　和俊
1945 芸術脳の科学　塚田　稔
1964 脳からみた自閉症　大隅典子
1990 カラー図解　進化の教科書　第1巻　進化の歴史　カール・ジンマー／ダグラス・J・エムレン　更科　功／石川牧子／国友良樹＝訳
1991 カラー図解　進化の教科書　第2巻　進化の理論　カール・ジンマー／ダグラス・J・エムレン　更科　功／石川牧子／国友良樹＝訳
1992 カラー図解　進化の教科書　第3巻　系統樹や生態から見た進化　カール・ジンマー／ダグラス・J・エムレン　更科　功／石川牧子／国友良樹＝訳
2010 生物はウイルスが進化させた　武村政春
2018 カラー図解　古生物たちのふしぎな世界　土屋　健／田中源吾＝協力
2034 DNAの98％は謎　小林武彦
2037 我々はなぜ我々だけなのか　川端裕人／海部陽介＝監修
2070 筋肉は本当にすごい　杉　晴夫
2088 植物たちの戦争　日本植物病理学会＝編著
2095 深海——極限の世界　藤倉克則・木村純一＝編著　海洋研究開発機構＝協力
2099 王家の遺伝子　石浦章一
2103 我々は生命を創れるのか　藤崎慎吾
2106 うんち学入門　増田隆一
2108 DNA鑑定　梅津和夫
2109 免疫の守護者　制御性T細胞とはなにか　坂口志文／塚﨑朝子
2112 カラー図解　人体誕生　山科正平
2119 免疫力を強くする　宮坂昌之
2125 進化のからくり　千葉　聡
2136 生命はデジタルでできている　田口善弘
2146 ゲノム編集とはなにか　山本　卓
2154 細胞とはなんだろう　武村政春

ブルーバックス　生物学関係書（III）

ブルーバックス　物理学関係書（I）

79 相対性理論の世界　J・A・コールマン　中村誠太郎＝訳
563 電磁波とはなにか　後藤尚久
584 10歳からの相対性理論　都筑卓司
733 紙ヒコーキで知る飛行の原理　小林昭夫
911 電気とはなにか　室岡義広
1012 量子力学が語る世界像　和田純夫
1084 図解　わかる電子回路　加藤　肇／見城尚志／高橋　久
1128 原子爆弾　山田克哉
1150 音のなんでも小事典　日本音響学会＝編
1174 消えた反物質　小林　誠
1205 クォーク　第2版　南部陽一郎
1251 心は量子で語れるか　ロジャー・ペンローズ／A・シモニー／N・カートライト／S・ホーキング　中村和幸＝訳
1259 光と電気のからくり　山田克哉
1310 「場」とはなんだろう　竹内　薫
1380 四次元の世界（新装版）　都筑卓司
1383 高校数学でわかるマクスウェル方程式　竹内　淳
1384 マックスウェルの悪魔（新装版）　都筑卓司
1385 不確定性原理（新装版）　都筑卓司
1390 熱とはなんだろう　竹内　薫
1391 ミトコンドリア・ミステリー　林　純一

1394 ニュートリノ天体物理学入門　小柴昌俊
1415 量子力学のからくり　山田克哉
1444 超ひも理論とはなにか　竹内　薫
1452 流れのふしぎ　石綿良三／根本光正＝著　日本機械学会＝編
1469 量子コンピュータ　竹内繁樹
1470 高校数学でわかるシュレディンガー方程式　竹内　淳
1483 新しい物性物理　伊達宗行
1487 ホーキング　虚時間の宇宙　竹内　薫
1509 新しい高校物理の教科書　山本明利／左巻健男＝編著
1569 電磁気学のＡＢＣ（新装版）　福島　肇
1583 熱力学で理解する化学反応のしくみ　平山令明
1591 発展コラム式　中学理科の教科書　第1分野（物理・化学）　滝川洋二＝編
1605 マンガ　物理に強くなる　関口知彦＝原作　鈴木みそ＝漫画
1620 高校数学でわかるボルツマンの原理　竹内　淳
1638 プリンキピアを読む　和田純夫
1642 新・物理学事典　大槻義彦／大場一郎＝編
1648 量子テレポーテーション　古澤　明
1657 高校数学でわかるフーリエ変換　竹内　淳
1675 量子重力理論とはなにか　竹内　薫
1697 インフレーション宇宙論　佐藤勝彦

ブルーバックス　物理学関係書（II）

1701	光と色彩の科学	齋藤勝裕
1715	量子もつれとは何か	古澤　明
1716	「余剰次元」と逆二乗則の破れ	村田次郎
1720	傑作！　物理パズル50	ポール・G・ヒューイット＝作　松森靖夫＝編訳
1728	ゼロからわかるブラックホール	大須賀健
1731	宇宙は本当にひとつなのか	村山　斉
1738	物理数学の直観的方法（普及版）	長沼伸一郎
1776	現代素粒子物語　（高エネルギー加速器研究機構）＝協力	中嶋　彰／KEK
1780	オリンピックに勝つ物理学	望月　修
1799	宇宙になぜ我々が存在するのか	村山　斉
1803	高校数学でわかる相対性理論	竹内　淳
1815	大人のための高校物理復習帳	桑子　研
1827	大栗先生の超弦理論入門	大栗博司
1836	真空のからくり	山田克哉
1860	発展コラム式　中学理科の教科書　改訂版　物理・化学編	滝川洋二＝編
1867	高校数学でわかる流体力学	竹内　淳
1871	アンテナの仕組み	小暮裕明　小暮芳江
1894	エントロピーをめぐる冒険	鈴木　炎
1905	あっと驚く科学の数字	数から科学を読む研究会
1912	マンガ　おはなし物理学史	小山慶太＝原作　佐々木ケン＝漫画
1924	謎解き・津波と波浪の物理	保坂直紀
1930	光と重力　ニュートンとアインシュタインが考えたこと	小山慶太
1932	天野先生の「青色LEDの世界」	天野　浩／福田大展
1937	輪廻する宇宙	横山順一
1940	すごいぞ！　身のまわりの表面科学	日本表面科学会
1960	超対称性理論とは何か	小林富雄
1961	曲線の秘密	松下泰雄
1970	高校数学でわかる光とレンズ	竹内　淳
1981	宇宙は「もつれ」でできている	ルイーザ・ギルダー　山田克哉＝監訳　窪田恭子＝訳
1982	光と電磁気　ファラデーとマクスウェルが考えたこと	小山慶太
1983	重力波とはなにか	安東正樹
1986	ひとりで学べる電磁気学	中山正敏
2019	時空のからくり	山田克哉
2027	重力波で見える宇宙のはじまり	ピエール・ビネトリュイ　安東正樹＝監訳　岡田好恵＝訳
2031	時間とはなんだろう	松浦　壮
2032	佐藤文隆先生の量子論	佐藤文隆
2040	ペンローズのねじれた四次元　増補新版	竹内　薫
2048	$E=mc^2$のからくり	山田克哉
2056	新しい1キログラムの測り方	臼田　孝

ブルーバックス　物理学関係書（III）

2061 科学者はなぜ神を信じるのか　三田一郎
2078 独楽の科学　山崎詩郎
2087 「超」入門　相対性理論　福江　淳
2090 はじめての量子化学　平山令明
2091 いやでも物理が面白くなる　新版　志村史夫
2096 2つの粒子で世界がわかる　森　弘之
2100 プリンシピア　自然哲学の数学的原理　第I編　物体の運動　アイザック・ニュートン　中野猿人＝訳・注
2101 プリンシピア　自然哲学の数学的原理　第II編　抵抗を及ぼす媒質内での物体の運動　アイザック・ニュートン　中野猿人＝訳・注
2102 プリンシピア　自然哲学の数学的原理　第III編　世界体系　アイザック・ニュートン　中野猿人＝訳・注
2115 「ファインマン物理学」を読む　普及版　量子力学と相対性理論を中心として　竹内　薫
2124 時間はどこから来て、なぜ流れるのか？　吉田伸夫
2129 「ファインマン物理学」を読む　普及版　電磁気学を中心として　竹内　薫
2130 「ファインマン物理学」を読む　普及版　力学と熱力学を中心として　竹内　薫
2139 量子とはなんだろう　松浦　壮
2143 時間は逆戻りするのか　高水裕一

2162 トポロジカル物質とは何か　長谷川修司
2169 アインシュタイン方程式を読んだら「宇宙」が見えた　深川峻太郎
2183 早すぎた男　南部陽一郎物語　中嶋　彰
2193 思考実験　科学が生まれるとき　榛葉　豊
2194 宇宙を支配する「定数」　臼田　孝
2196 ゼロから学ぶ量子力学　竹内　薫

ブルーバックス　事典・辞典・図鑑関係書

325 現代数学小事典　寺阪英孝＝編
569 毒物雑学事典　大木幸介
1084 図解　わかる電子回路　加藤　肇／見城尚志／高橋　久
1150 音のなんでも小事典　日本音響学会＝編
1188 金属なんでも小事典　増本　健＝監修／ウォーク＝編著
1439 味のなんでも小事典　日本味と匂学会＝編
1484 単位171の新知識　星田直彦
1614 料理のなんでも小事典　日本調理科学会＝編
1624 コンクリートなんでも小事典　土木学会関西支部＝編／井上　晋　他
1642 新・物理学事典　大槻義彦／大場一郎＝編
1653 理系のための英語「キー構文」46　原田豊太郎
1660 図解　電車のメカニズム　宮本昌幸＝編著
1676 図解　橋の科学　土木学会関西支部＝編／田中輝彦／渡邊英一　他
1761 声のなんでも小事典　和田美代子／米山文明＝監修
1762 完全図解　宇宙手帳　渡辺勝巳／JAXA（宇宙航空研究開発機構）＝協力
2028 元素118の新知識　桜井　弘＝編
2161 なっとくする数学記号　黒木哲徳
2178 数式図鑑　横山明日希